高等职业教育测绘地理信息类“十三五”规划教材

GNSS测量技术实训

主　编　栾玉平
副主编　李　娜　杨延有
主　审　李金生

图书在版编目(CIP)数据

GNSS 测量技术实训/栾玉平主编.—武汉:武汉大学出版社,2020.9
高等职业教育测绘地理信息类“十三五”规划教材
ISBN 978-7-307-21575-7

Ⅰ.G… Ⅱ.栾… Ⅲ. 卫星导航—全球定位系统—高等职业教育—教材 Ⅳ.P228.4

中国版本图书馆 CIP 数据核字(2020)第 161831 号

责任编辑:杨晓露　　责任校对:汪欣怡　　版式设计:马 佳

出版发行:**武汉大学出版社** (430072 武昌 珞珈山)
(电子邮箱:cbs22@ whu.edu.cn 网址:www.wdp.com.cn)
印刷:武汉图物印刷有限公司
开本:787×1092 1/16 印张:9.5 字数:228 千字 插页:1
版次:2020 年 9 月第 1 版 2020 年 9 月第 1 次印刷
ISBN 978-7-307-21575-7 定价:26.00 元

前　言

《GNSS 测量技术实训》是《GNSS 测量技术》的配套教材，与《GNSS 测量技术》教材内容紧密结合，相互衔接。

本教材是按照辽宁生态工程职业学院专业教学改革工作实施方案的总体要求编写的项目化、信息化的校本教材，教材的编写基于校企合作、打造特色的原则，体现高等职业教育职业性、实践性、开放性的要求，是工程测量技术专业建设的重要成果之一。

本教材的编写，紧密结合高职培养目标，以能力培养为主线，将全部内容划分为七大项目，涵盖了单项技能训练和综合实训，培养了学生理论联系实际的能力、测量数据处理的能力，培养了学生的专业素养，提升了其从业综合素养，为从事测绘工作奠定了基础。

本教材体现了“校企合作、工学结合”特色，辽宁省水利水电勘测设计院教授级高级工程师杨延有亲自参与了本书的编写审核工作，并通读了全书，提出了许多宝贵的意见和建议，使本教材更加符合生产实际的需要，仪器和方法上与生产实际保持同步，使教材具有了先进性。

本教材体现了项目化特色，按项目教学的要求编写，每个项目均选取了若干个典型的工作任务，教学过程中可采用项目教学法、现场教学法、案例教学法及信息化教学手段等多种教学方法，做到教学过程与生产过程的对接，适应现阶段高职教育的需要，满足高职院校的教学需求。

本教材由栾玉平(辽宁生态工程职业学院)任主编，由李娜(辽宁生态工程职业学院)、杨延有(辽宁省水利水电勘测设计院)任副主编，由李金生(辽宁生态工程职业学院)任主审。“测量实训须知”、“项目 1”至“项目 5”由栾玉平编写，“项目 6”、“项目 7”由李娜编写，“附录一”由栾玉平编写，“附录二”由杨延有编写。

限于编者的水平、时间及经验，书中定有欠妥之处，敬请专家和广大读者批评指正。

目　录

项目实训是“GNSS测量技术”的重要教学环节之一。通过教学实训，学生更加充分理解GNSS测量基础知识和基本方法，巩固理论教学内容，提高实际动手能力及实际作业水平。

测量实训须知

一、实训课的目的与要求

实训课的目的：一方面是进一步了解所学测量仪器的构造和性能；另一方面是为了巩固和验证课堂上所学的理论知识，掌握仪器的使用方法，加强学生的实训技能，提高学生的动手能力，使理论与实践更好地结合起来。

实训课的要求：每次实训前均须预习教材相关部分，并仔细阅读测量实训指导，在弄清楚实训的内容和过程的基础上，再动手实训。并认真完成规定的实训报告，实训结束后及时上交。

二、仪器的借用方法

(1)每次实训所借用的仪器设备，应按实训指导的规定或指导教师的要求进行，借用时应遵守测量仪器室的管理规定，由各组组长按组的顺序领取并办理借用手续。

(2)测量仪器室每次均根据实验的任务，按组分配，填好仪器的借用单，各组组长对照仪器的借用单清点仪器及附件等，若无问题，由组长在借用单上签名，并将借用单交仪器管理人员后，方可将仪器借出仪器室。

(3)初次接触仪器，应在指导教师进行示范操作、讲解后，再进行操作，以免弄坏仪器。

(4)实训完毕后应由各组组长组织本组人员集体归还仪器及配件，仪器管理人员检查验收无损后，方可离开；如果有损坏应按仪器管理制度的规定进行赔偿。

(5)测量仪器属贵重仪器，借出的仪器必须由各组组长保管，若组长因故请假，需委托本组其他成员保管，若发生损坏或遗失，应按照学校的仪器管理制度的规定进行赔偿。

三、仪器使用注意事项

测绘仪器是精密贵重仪器，爱护仪器是学生应有的职责。如有遗失损坏，不仅国家财产受到损失，而且给教学也造成极大的影响。每个人应养成爱护仪器的好习惯。使用仪器时应注意下列事项：

（1）领取仪器时应注意箱盖是否锁好，提手或背带是否牢固。

（2）打开仪器箱前，应将箱子平放后再打开。打开箱盖后，应注意观察仪器及附件在箱子中的安放位置，以便用毕后将仪器及附件稳妥地放回原处。

（3）仪器安装及更换电池一定要蹲下，在箱体上安装，避免仪器脱落损伤设备及砸坏其他物品（如手簿及设备屏幕等）。

（4）仪器从箱中取出后必须立即将箱盖关好，以防止灰尘进入或零件丢失。箱子应放在仪器附近，禁止坐在箱子上。

（5）仪器置于三脚架上后，应立即将连接螺旋旋紧；但不要过紧，以免损坏螺旋；也不要过松，以免仪器脱落。

（6）仪器如有故障，不许自行拆卸，应立即请示指导教师。

（7）搬动仪器时须打开制动螺旋，松开中心锁紧螺旋，将仪器取下装箱后再搬站。不允许肩扛仪器或者怀抱仪器迁站。

（8）使用设备要轻拿轻放，不能随意丢弃，更不能在仪器旁玩耍、嬉戏，避免碰到设备。

（9）观测间歇时人不能远离仪器，防止风天被风吹倒或被其他人及动物碰倒，避免意外发生。

（10）仪器用毕后按原位置装入箱内并检查配件有无缺失；关箱时，一定要检查箱盖是否严实，可以用手顺着箱缝摸，确定严实后，再上锁；箱盖若不能关闭时应查明原因，不可强力按下，以防损坏箱锁。

（11）使用手簿时要注意保护手簿屏幕，防止屏幕和其他硬物接触；使用跟踪杆时要注意保护圆气泡。

（12）仪器及手簿充电时要核对充电器是否是标配；电源线连接仪器及手簿时位置要正确，不要盲目进行连接；充电时注意插头与插座间连接要严实，防止因虚连发生危险事故。

（13）实训结束后，指导教师要集中组织学生，及时清点物品及各项用具，以免丢失，特别注意清点零星物品。

四、测量记录注意事项

（1）实训记录须填在规定的表格内，随测随记，不得转抄。记录者应“回报”读数，以防听错、记错。

（2）所有记录与计算均须用绘图铅笔记录，字体应端正清晰，字体大小只能占记录格的一半，以便留出空隙更改错误。

（3）记录表格上规定的内容及项目必须填写，不得空白。

（4）记录簿上禁止擦拭涂改与挖补，如记错需要改正时，应以横线或斜线划去，不得使原字模糊不清，正确的数字应写在原字的上方。

（5）已改过的数字又发现错误时，不准再改，应将该部分成果作废重测。

（6）观测成果不能连环涂改。

（7）观测数据应表现其精度及真实性。

(8)所有的观测记录手簿均不准另行转抄。

(9)记录时要严格要求自己，培养良好的作业习惯，严格遵守作业规定，否则，全部成果作废，另行重测。

项目1　操作使用 GNSS 接收机

任务1.1　认识与使用华测 X10 GNSS 接收机

一、任务概况

熟悉 GNSS 接收机的结构、各部件的名称、功能和作用；掌握部件的连接方法，初步掌握 GNSS 接收机的使用方法，在该实训中需完成如下任务：

(1)了解华测 X10 GNSS 接收机的有关性能。

(2)认识华测 X10 GNSS 接收机各部件。

(3)在一个测站上正确操作华测 X10 GNSS 接收机。

(4)正确进行测站记录。

二、器材准备与人员组织

(一)器材准备

每组领取华测 X10 GNSS 接收机 1 台，跟踪杆 1 个，基座 1 个（含轴心）、三脚架 1 个，2m 钢卷尺 1 个。

(二)实训场地

校园运动场或实训基地。

(三)人员组织

按照 GNSS 接收机的台数分若干组进行，每组 4~6 人。

三、器材使用与安全

(一)设备保养维护注意事项

测量仪器是复杂又精密的设备，在日常的携带、搬运、使用和保存中，只有通过正确的使用和妥善的维护，才能更好地保证仪器的精度，延长其使用年限。

(1)使用 GNSS 接收机时，请不要自行拆卸仪器，若发生故障，请与指导老师联系。

(2)请使用指定品牌稳压电源，并严格遵循仪器的标称电压，以免对电台和接收机造成损害。

(3)电池充电时，要将插头插实插紧，防止因虚连而导致的火灾发生。

(4)使用充电器进行充电时，请注意远离火源、易燃易爆物品，避免产生火灾等严重的后果。

(5)请勿将废弃电池随意丢弃，须根据当地有关特殊废品的管理办法进行处理。

(6)电台在使用中可能产生高温，使用时请注意防止烫伤。减少、避免电台表面放置不必要的遮蔽物，保持良好的通风环境。

(7)禁止蓄电池充电的同时对电台供电。

(8)请不要长时间暴露在高增益天线下，长时间使用电台时应保持 1.5m 以上的距离，避免辐射伤害。

(9)雷雨天请勿使用天线和对中杆，防止因雷击造成意外伤害。

(10)请严格按照用户手册中的连线方法连接设备，各插件要注意插接紧，电源开关要依次打开。

(11)禁止在没有切断电源的情况下对各连线进行插拔。

(12)各连接线材破损后请不要再继续使用，应及时购买更换新的线材，避免造成不必要的伤害。

(13)对中杆使用时不要将尖部撞击地面，避免仪器损坏；如若对中杆有破损需及时找老师更换。

(14)对中杆尖部容易伤人，使用棒状天线和对中杆时，注意安全，更不允许玩耍。

(二)接收机外业工作注意事项

(1)电台模式，基准站脚架和电台天线脚架之间距离建议大于 3m，避免电台干扰卫星信号。

(2)基准站应架设在地势较高、视野开阔的地方，避免高压线、变压器等强磁场，以利于 UHF 无线信号的传输和卫星信号的接收，网络模式还需要注意运营商网络覆盖情况。

(3)电台模式，若移动站距离较远，还需要增设电台天线加长杆。

(4)基准站若是架设在已知点上，要做严格的对中整平。

(5)电源线和蓄电池的连接要注意“红正黑负”，避免短路情况。

(6)电台工作时要确保接外接天线，否则长时间工作会导致发送信号被电台自身吸收而烧坏电台。

(7)在连接电缆的时候，注意 LEMO 头红点对红点的连接。

(8)采用 GPRS 模式作业，每小时 GPRS 流量在 0.5~1.5M(与卫星颗数和网络环境及采集信息量有关)。

四、任务实施

(一)华测 X10 GNSS 接收机、手簿及软件认识

1. 华测 GNSS 接收机概述

上海华测导航技术有限公司成立于 2003 年 9 月，主要从事高精度卫星导航定位相关软硬件技术产品的研发、生产和销售，主要产品包括高精度 GNSS 接收机、GIS 数据采集器、海洋测绘产品、三维激光产品、无人机遥感产品等数据采集设备，以及位移监测系统、农机自动导航系统、数字施工、精密定位服务系统等数据应用解决方案。

华测 X10 GNSS 接收机是一款具有北斗全星座 220 通道，Linux 操作系统，初始化时间 5s，支持倾斜传感系统，可进行 30°倾角测量，外观小巧精美的一款智能 RTK。

2. 华测 X10 GNSS 接收机主要技术指标

1)精度指标

(1)码差分定位测量。

平面精度：±0. 25m+1ppm；

高程精度：±0. 50m+1ppm。

(2)静态和快速静态定位测量。

平面精度：$\pm(2.5+0.5\times10^{-6}\times D)$mm；

高程精度：$\pm(5+0.5\times10^{-6}\times D)$mm。

(3)动态定位测量。

平面精度：$\pm(8+1\times10^{-6}\times D)$mm；

高程精度：$\pm(15+1\times10^{-6}\times D)$mm。

(4)单点定位测量。

单点定位测量平面 1. 5m。

2)数据通信

(1)I/O 接口：1 个七针 LEMO 数据口，支持供电，USB 数据下载，U 盘升级功能；1 个七针数据传输串口，支持供电，差分数据输出；1 个七针数据传输串口，支持供电，差分数据输出；1 个 SIM 卡槽。

(2)差分格式：RTCM3. 2、CMR+、RTCM3. X、CMR、RTCM2. 3。

(3)内置电台：功率 0. 1～2W 可调；频率 450～470MHz；协议 CHC(X10Pro 标配 CHC/TT450S/透明传输)。

(4)网络模块：联通 HSPA + 3. 75G(X10Pro 可扩展 4G)，向下兼容联通 3G(WCDMA)，移动 2G(GSM)。

(5)WiFi：802. 11 B/G/N，具有 WiFi 热点功能，任何智能终端均可接入接收机。

(6)蓝牙：BT4. 0，向下兼容 BT2. x，协议支持 Win/Android/IOS 系统。

(7)NFC：手簿与主机触碰即可实现 WiFi 自动连接。

3)数据存储

(1)存储格式：HCN/RINEX/HRC/压缩 RINEX。

(2)存储空间：标配 16GB 存储器，支持空间保护。

(3)存储方式：8 进程同时存储，每个线程可独立设置高度角、采样间隔、数据格式。

(4)下载方式：即插即用的 USB 下载；FTP 远程推送+本地一键下载；HTTP 下载。

4)数据输出

(1)输出格式：NMEA 0183、PJK 平面坐标、二进制码。

(2)输出方式：蓝牙/WiFi/RS232/电台。

3. 华测 X10 GNSS 外观

1)仪器组件

华测 X10 GNSS 组件，见图 1.1-1。

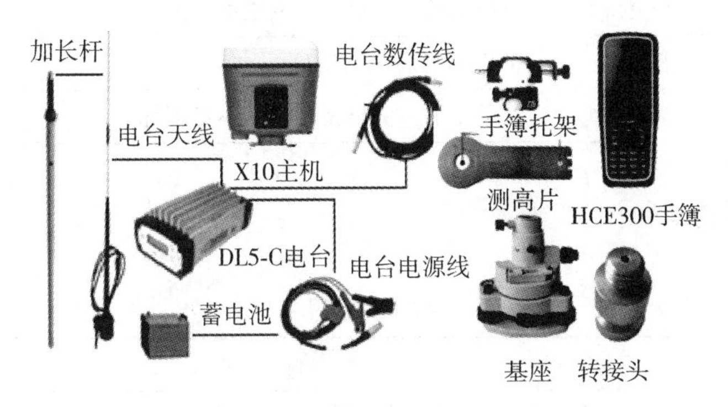

图 1.1-1　华测 X10 GNSS 接收机配件

2)华测 X10 GNSS 外观

华测 X10 GNSS 外观，见图 1.1-2、图 1.1-3 所示。其正面主要有差分数据灯、卫星灯、数据采集灯(静态记录灯)、电源灯 A、电源灯 B、WiFi 指示灯；其底部主要有电台天线连接口、电池盖、USB+OTG 口及 IO 串口。

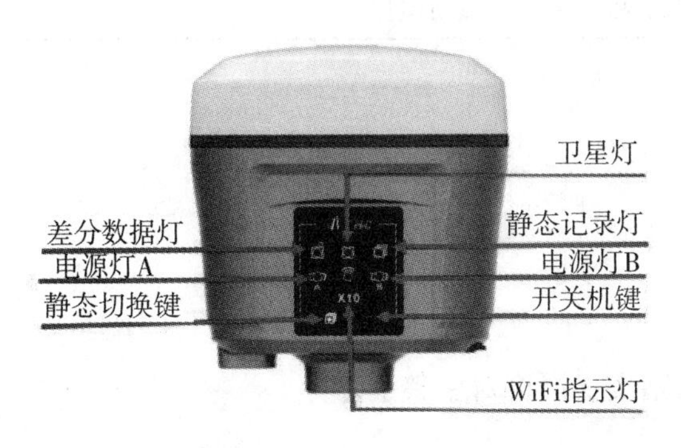

图 1.1-2　华测 X10 GNSS 外观构造

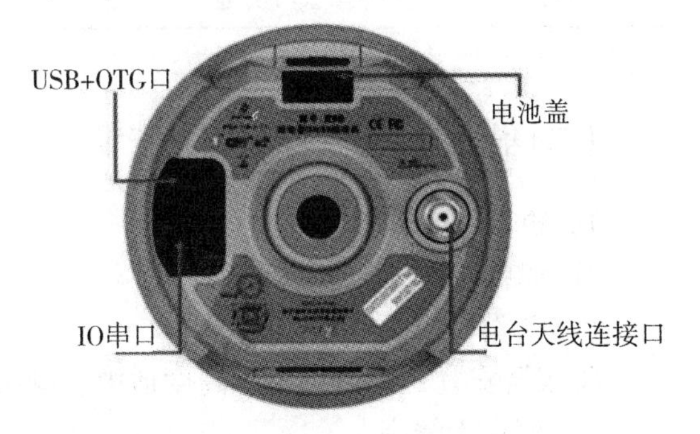

图 1.1-3　华测 X10 GNSS 下壳构造

(1)指示灯说明见表 1.1-1。

表 1.1-1　**指示灯说明**

指示灯	颜色	含　义
差分数据灯	黄色	基准站模式下，颜色为黄色
	黄色、绿色	移动站收到差分数据后，单点或者浮动为黄色，固定后为绿色
卫星灯	绿色	正在搜星——每 5s 闪 1 下
		搜星完成，卫星颗数 *N*——每 5s 连闪 *N* 下
数据采集灯（静态记录灯）	黄色	静态模式——按照采样间隔闪烁为黄色
电源灯 A	红色	电量充足——长亮，电量不足闪烁
WiFi 指示灯	橙色	WiFi 开启后长亮橙色
电源灯 B	红色	电量充足——长亮，电量不足闪烁

(2)按键说明见表 1.1-2。

表 1.1-2　**按 键 说 明**

按键	含　义
静态切换键	按一下静态切换键，差分数据灯(绿色)和静态记录灯(黄色)同时亮 1 次，为动态模式； 若要切换为静态模式，按住静态切换键 3s 后差分数据灯(绿色)闪 3 下即静态切换成功，此时按 1 下静态切换键，差分数据灯(绿色)闪烁 1 次，即为静态模式； 静态切换为动态：按住静态切换键 3s 静态关闭，关闭的过程中差分数据灯(绿色)连闪 3 下
开关机键	长按 3s 开机或关机
组合键	按住静态切换键，连按 5 次开关机键板卡复位，重新搜星

(二)华测 X10 GNSS 接收机安置

1. 静态测量时仪器安装

静态测量时仪器安装步骤如下：

(1)架设仪器。

将仪器安置在测量点上，高度适中、脚架踏实、严格对中整平。

(2)测量天线高。

天线高量取见图 1.1-4，根据需要可量取斜高或直高。量取高度时要在不同方向量取 3 次，最后取其平均值。

(3)记录。

记录点名、仪器 SN 号、仪器高、开始观测时间。

(4)采集静态数据。

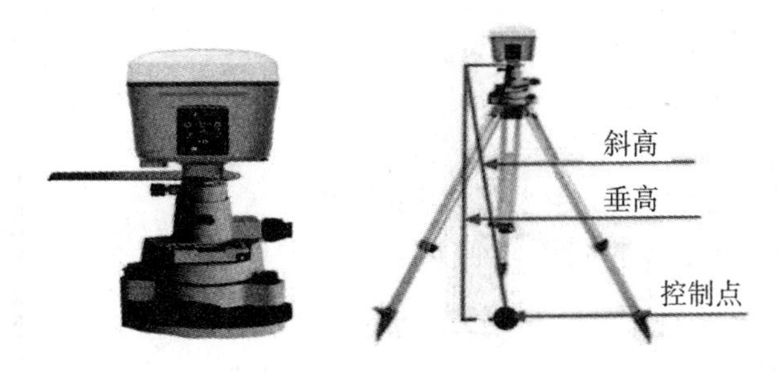

图 1.1-4 天线高量取

打开接收机，将接收机设置成静态模式，接收机搜到足够卫星后会自动开始记录静态；接收机记录静态过程当中不要触动脚架或仪器，尽量避免人为干扰，安排专人看守。

(5)结束静态采集。

结束静态采集时，关闭静态模式，在结束之前再次从三个方向量测天线高，记录下平均值。

2. RTK 作业时仪器安置(动态作业安置)

RTK 作业时仪器安置步骤如下：

(1)基站架设。

基站架设有两种，一是外挂电台，见图 1.1-5，二是内置电台，见图 1.1-6。

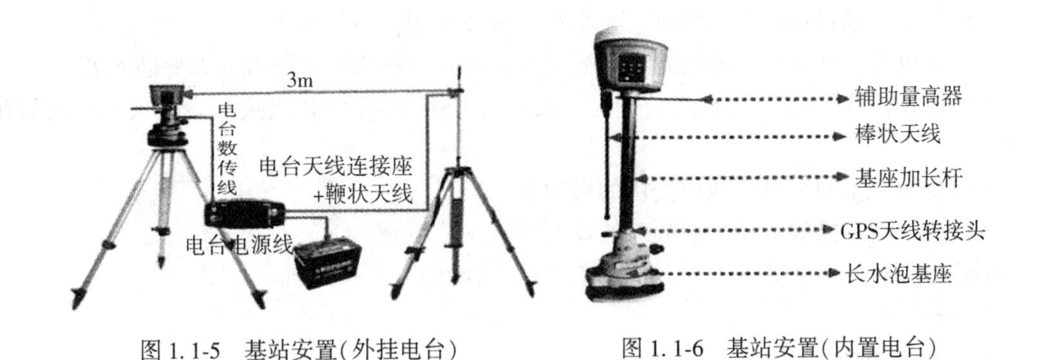

图 1.1-5 基站安置(外挂电台)

图 1.1-6 基站安置(内置电台)

(2)移动站安置。

移动站安置将主机与对中杆连接起来，棒状天线(网络天线)接到仪器底部电台天线连接口处，将手簿托架固定到对中杆上，然后将手簿安置到手簿托架上，见图 1.1-7。

(三)认识 HCE300 手簿

1. HCE300 手簿介绍

手簿是华测专为外业测量人员设计的一款全能型军工级手簿，主要特点如下：

(1)四核高速 CPU。

(2)4G 全网通，双卡双待。
(3)4.3 寸多点触控液晶屏。
(4)Android 6.0 操作系统。
(5)支持按键输入中英文及数字、字符。
(6)LandStar7(测地通)全功能型大地测量软件。
(7)多点触控电容屏，支持带图作业。
(8)支持点触笔。
(9)云服务功能。

2. 手簿外观

手簿外观，见图 1.1-8，包括以下几部分：

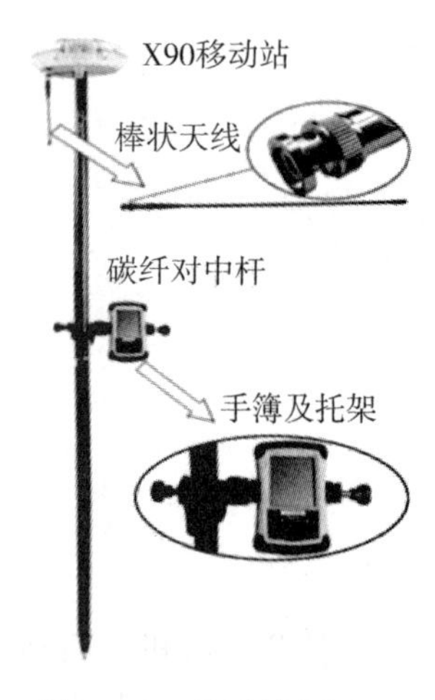

图 1.1-7　移动站安置

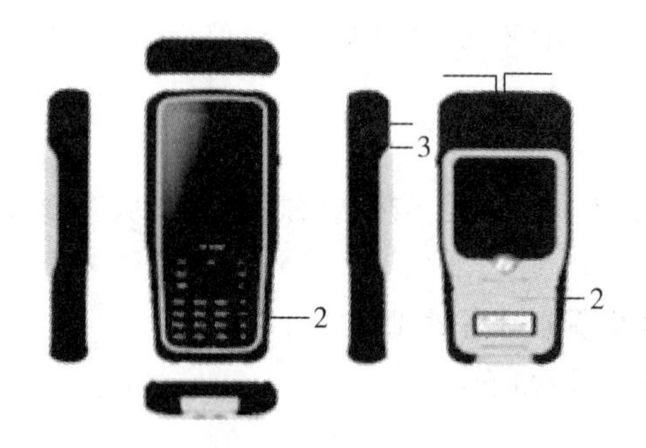

图 1.1-8　HCE300 手簿

(1)键盘：通过按键输入数字、大小写字母及常用标点符号等。
(2)耳机孔：插入耳机的位置，未插入耳机或耳机拔出后必须及时塞好防水塞。
(3)USB 插孔：插入 USB 线的位置，未插入 USB 线或 USB 线拔出后必须及时塞好防水塞。
(4)摄像头：照相机拍照所使用的摄像头。
(5)扬声器：播放音乐、视频时的发声口。
(6)NFC 标识：识别并自动连接带有 NFC 功能的华测接收机。

3. 指示灯

指示灯状态见表 1.1-3。

表 1.1-3　**指示灯状态说明**

图标	说　明	图标	说　明
	当前电池电量		震动模式
	WiFi		手簿信号强度
	闹钟		飞行模式

续表

图标	说　明	图标	说　明
	数据传输模式		Bluetooth 已开启
	Bluetooth 状态		应用上传
	WiFi 同步下载上传		应用下载

4. 手簿充电

充电时请务必使用原装充电器和数据线；当电量较低时提示电量不足，将出现提示音，请及时连接充电器；当电量进一步降低时，该产品再次发出提示音，并随之关机。

5. 开关机

关机状态下，长按【power】键可开机。

开机状态下，短按【power】键进入休眠模式，长按【power】键弹出选择界面，选择关机后点击“确认”即关机。

6. 数据传输

(1)手簿通过 USB 数据线连上电脑。

(2)屏幕会弹出【USB 大容量存储设备】，点击提示【打开 USB 存储设备】，若没有上述提示，在下拉状态栏，出现 USB 已连接时，点击打开 USB 存储设备，然后点选“确定”即可。

(3)电脑会弹出 USB 存储设备，打开即可浏览手簿内存当中的数据。

(4)将需要复制的内容放到储存卡当中，建议放在【Download】文件夹下。

(5)复制完成后中断该产品和电脑间的连接。

(6)打开手簿，在【文件管理】→【手机存储】→【Download】文件夹下可以找到复制的内容。

(四)认识和了解 LandStar7.2 软件

1. 软件简介

LandStar7.2 是华测公司最新研发的一款安卓版测量软件(可安装到手机里)，它充分利用安卓平台稳定、开放的优势，以简单、易于使用为目标，创新性加入 5 种常用工作模式，一键即可完成 RTK 设置；同时配备强大的图形编辑引擎，并首次在常规测量软件中添加了对图层、代码等属性的编辑和绘制，在野外即可自动成图；充分优化的数据库结构，支持 8 万点以上的海量数据管理和百兆超大底图；还结合强大的云服务功能，让数据的分享、备份更简单。

软件独有特点：

(1)3 秒搞定 RTK：自带电台、网络工作模板，一键切换；

(2)导航式放样：箭头实时指向目标方向，找点更简单；

(3)底图放样：支持 CAD \ ArcGIS 格式导入，图上选点 \ 线直接放样；

(4)自动成图：外业测点自动成图，防止漏测；支持多种地物同时测量，直接显示周长、面积，成果支持导出 CAD \ ArcGIS \ 谷歌等格式；

(5)自定义图层显示；

(6)支持底图按图层显示；支持点名称/代码/高程单独显示；支持点线面的字段、颜色、大小、样式的自定义；支持分类型/图层显示地物；支持按点名/高程区间来筛选显示点；

(7)校正防火墙：点校正成果误差过大自动提醒，防止校正错误；

(8)全功能道路测量：支持涵洞放样，无缝兼容纬地、海地软件；

(9)掌上教程：永远处于右上角的帮助文档，对当前使用功能进行向导式指导；

(10)免费云服务：多台设备数据、参数、设置共享，并协助搭建私有云平台；华测技术专家实时在线。

2. 软件界面

LandStar7.2 软件主界面分为 4 个页面：项目、测量、配置、工具。见图 1.1-9。

图 1.1-9　LandStar 主界面

状态栏：

N/A：接收机电池的电量。

信息：设备信息，点击可查看当前设备的详细信息。

N/A：N/A，A 表示接收卫星的总数；N 表示有效解算的卫星数。

：红色为单点状态，点击该标志可以查看 DOP 信息及位置信息。

：黄色为浮动状态，点击该标志可以查看 DOP 信息及位置信息。

：绿色为固定状态，点击该标志可以查看 DOP 信息及位置信息。

精度：H：平面精度；V：高程精度；RMS：相对中误差。

帮助：点击此处可快速进入帮助中心查看当前操作。

3. 设备信息

点击状态栏“”，可以查看当前设备的详细信息，如图 1.1-10 所示。

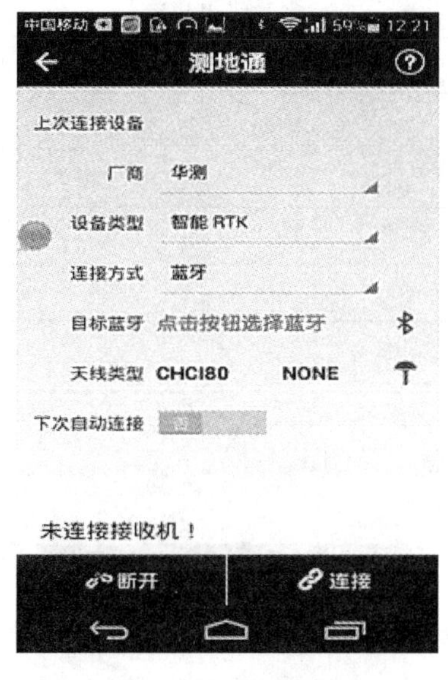

图 1.1-10　设备信息

4. 星空图

点击状态栏“”可以打开星空图显示界面，点击星空图界面“卫星列表”可以查看当前卫星信息。点击卫星信息列表界面“星空图”可以返回星空图界面，见图 1.1-11。

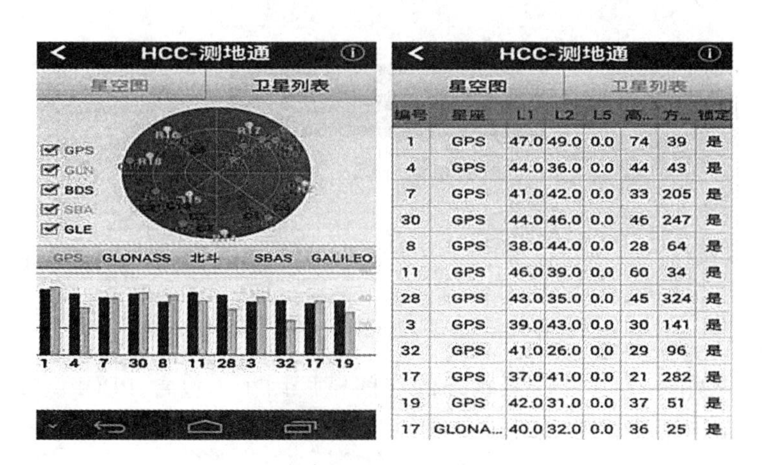

图 1.1-11　星空图

星空图：显示当前星空图各卫星的参考位置信息。不同颜色代表不同的卫星系统，同时在星空图下方用双向柱状图显示 L1、L2 信噪比。

卫星列表：显示当前搜到的各卫星编号、卫星系统，L1、L2、L5 信噪比、高度角、方位角、锁定情况等信息。

各系统卫星号见表1.1-4：

表1.1-4 **各系统卫星号**

星座	卫星号范围
GPS	1~32
SBAS	120~138
GLONASS	38~61
BDS	161~190

5. 精度

位置、精度和DOP值信息，见图1.1-12。

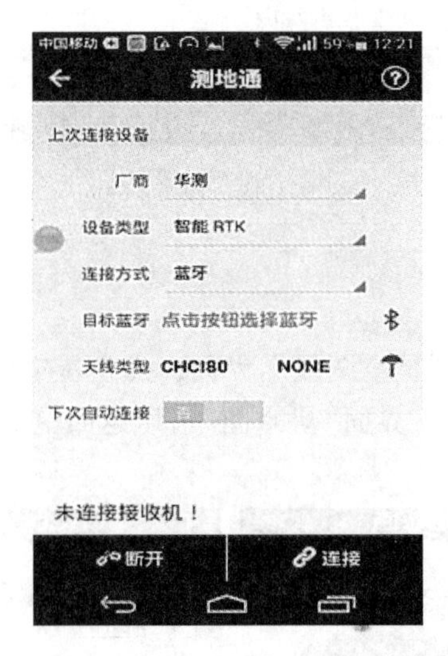

图1.1-12 位置、精度、DOP值信息

(1)位置：解算状态(单点、浮动或固定)；当前位置WGS84坐标；GPS时间；差分延迟。

(2)精度：H，V，RMS。

(3)DOP：表示当前卫星搜索状态的空间精度因子，包含PDOP、HDOP、VDOP、TDOP和GDOP五个值。

(4)点击【WGS BLH】，当前WGS84坐标转换成WGSXYZ、本地BLH、本地XYZ，坐标值可相互转换。

(5)标题栏：可以显示当前打开项目的项目名称和打开程序所在的项目。

(6)菜单栏：包含的各个功能模块，如项目模块、测量模块、工具模块、配置模块等。

(五)外挂电台

1. 电台外观

1)电台面板

DL6 外挂电台见图 1.1-13。

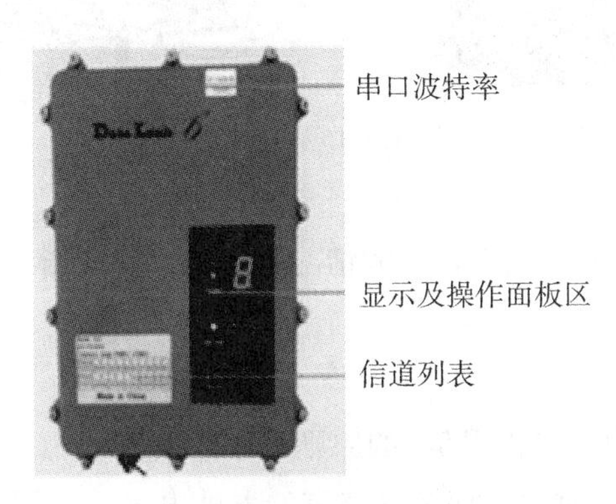

图 1.1-13　DL6 电台

在外挂电台作业模式下时，使用电台面板开关键打开电台，使用信道切换键和功率切换键对功和频率进行相应重置。

2)串口数据线接口

数据线接口如图 1.1-14 所示。通过本接口向其他设备(如基准站等)提供电源；也可通过本接口与其他设备(如基准站等)进行通信。

接口类型：异步串行通信 RS232 标准。

3)天线接口

天线接口：用于连接天线或馈线，输出阻抗 50 欧姆。见图 1.1-15。

图 1.1-14　数据线接口

图 1.1-15　天线接口

2. 电台基本连接

将电台的两个接口分别与电台数传一体线和发射天线连接，打开电源开关按钮。见图 1.1-16。

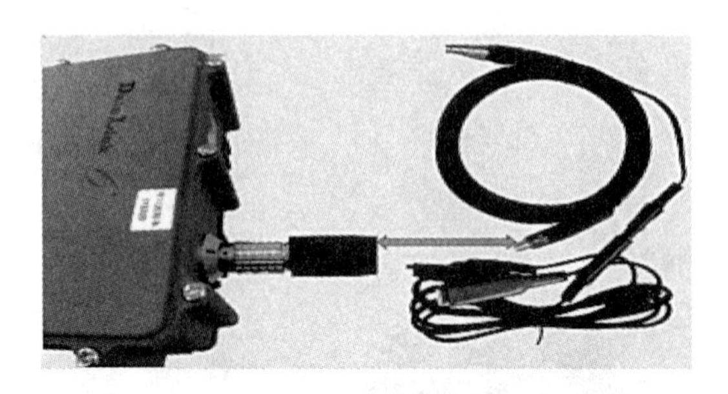

图 1. 1-16　电台连接

在基准站启动成功，连接线都正常的情况下，电台发送指示灯一秒闪烁一次，表明数据在正常发射。

3. 使用注意事项

(1)电源线连接要遵循“红正黑负”的原则，不能接反。

(2)用电池为本机供电时，需保护好裸露的电池电极，金属导体掉在电池上，有可能会造成电池电极短路，引起电池发热甚至燃烧。

(3)本机发射时会产生大量热量，本机工作时，请勿将本机放置在通风不良的盒子中，禁止在本机表面包裹或覆盖任何物品。

(4)在超过 40℃高温环境或强烈阳光照射的环境中，20W 或 30W 高功率发射时，本机表面有可能发烫，直接触摸本机表面的散热器有可能发生烫伤，请特别注意。

(5)连接后，要检查天线、馈线、连接头与本机部件的连接，确保天线与本机连接器之间接触良好，连接可靠再开机。

(6)严禁雨天作业。雨水有可能通过天线连接器、电源接口、串口线接口进入本机而导致本机损坏。

任务 1. 2　认识与使用南方灵锐 S86-2013GNSS 接收机

一、任务概况

熟悉南方灵锐 S86-2013GNSS 接收机的结构、各部件的名称、功能和作用；掌握部件的连接方法，初步掌握南方灵锐 S86-2013GNSS 接收机的使用方法，在该实训中须完成如下任务：

(1)了解南方灵锐 S86-2013GNSS 接收机的有关性能。

(2)认识南方灵锐 S86-2013GNSS 接收机各部件。

(3)在一个测站上正确操作南方灵锐 S86-2013GNSS 接收机。

(4)正确进行测站记录。

二、器材准备与人员组织

(一)器材准备

每组借用南方灵锐 S86-2013GNSS 接收机 1 台套，跟踪杆 1 个，脚架 1 个，钢卷尺 1 个。

(二)实训场地

校园运动场或实训基地。

(三)人员组织

按照 GNSS 接收机的台数分若干组进行，每组 4~6 人。

三、器材使用与安全

器材使用与安全同任务 1.1。

四、任务实施

(一)认识南方灵锐 S86-2013GNSS 接收机

1. 南方灵锐 S86-2013GNSS 接收机概述

南方灵锐 S86-2013GNSS 接收机由广州南方测绘科技股份有限公司研发生产。该公司 1989 年创立于广州，是一家集研发、制造、销售和技术服务为一体的测绘地理信息产业集团。S86 系列 RTK 是一款多星座接收，支持 BDS、GPS、GLONASS；多频段接收，特别支持北斗三频 B1、B2、B3。产品性能主要特点：全星座接收技术；高强度工程性能，IP67，抗 3 米跌落；全彩 OLED 显示屏，高亮、低耗、抗低温；4G 固态闪存，保护数据安全；智能语音功能；智能故障诊断，诊断结果直接显示。

2. 南方 S86-2013GNSS 接收机主要技术指标

1)GNSS 性能

具有 220 通道；BDS（B1、B2、B3）、GPS（L1C/A、L1C、L2C、L2E、L5）、GLONASS(支持 L1C/A、L1P、L2C/A、L2P、L3)、SBAS(L1C/A、L5(对于支持 L5 的 SBAS 卫星))、Galileo(支持 GIOVE-A 和 GIOVE-B、E1、E5A、E5B)。

2)精度指标

(1)码差分定位测量。

平面精度：±0.25m+1ppm；

垂直精度：±0.50m+1ppm。

(2)静态和快速静态定位测量。

平面精度：$\pm(2.5+0.5\times10^{-6}\times D)$ mm；

垂直精度：$\pm(5+0.5\times10^{-6}\times D)$ mm。

(3)动态定位测量。

平面精度：$\pm(10+1\times10^{-6}\times D)$ mm；

垂直精度：$\pm(20+1\times10^{-6}\times D)$ mm。

(4)单点定位测量

单点定位测量平面 1.5m。

3)数据通信

(1)内置发射电台；

(2)UHF 数据链；

(3)网络数据链：GPRS(3.5G/CDMA 可选配)网络通信模块，国际通用，自动登录网络，兼容各种 CORS 系统的接入；

(4)外接数据链：可选配外接 GPRS/CDMA 双模通信模块，自由切换；

(5)蓝牙：Bluetooth Ⅱ，标准 1.1。

4)数据存储

(1)标配 32G 数据双卡备份；

(2)即插即用的高速 USB，无须安装驱动，连上电脑即可传输数据。

5)数据输出

(1)1 个外置 UHF 天线接口；

(2)1 个外置网络天线接口；

(3)1 个五针差分数据口；

(4)1 个数据传输串口。

3. *南方 S86-2013 组件及构成*

(1)仪器箱。

(2)基准站箱内组件，见图 1.2-1。

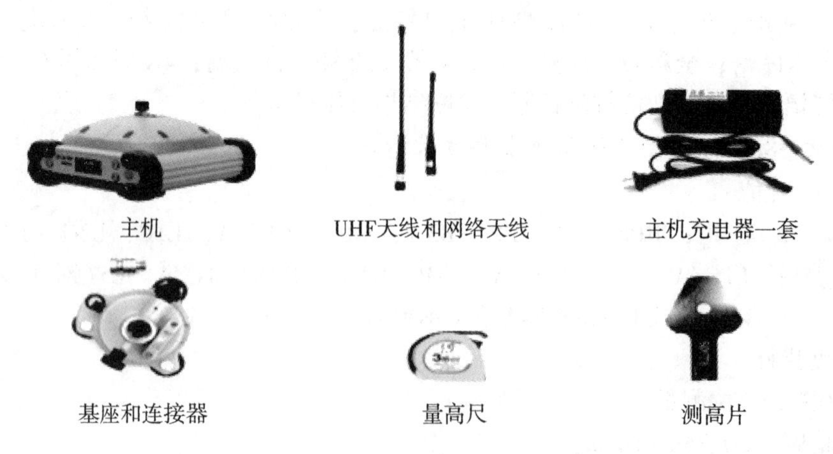

图 1.2-1 基准站箱内组件

基准站组件主要由主机、UHF天线和网络天线、主机充电器、基座及连接器、测高片和量高尺组成。

(3)移动站箱内组件，见图1.2-2。

移动站主要由主机、UHF天线和网络天线、S730手簿、手簿充电器、主机充电器、电池、对中杆、基座、测高片及传输线组成。

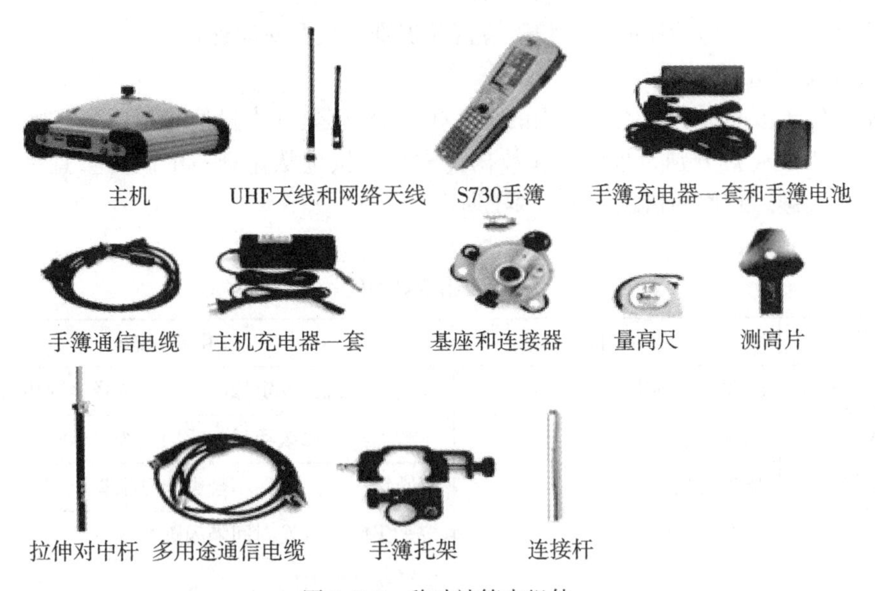

图1.2-2 移动站箱内组件

4. 南方S86-2013主机外观

1)接收机的外观

接收机的外观见图1.2-3。主机呈扁四方柱形，长165mm，宽168mm，高122mm。

主机前侧为按键和液晶显示屏；仪器顶部有电台接口，主机背面有SIM卡插口、电源口、差分数据口、数据传输口；主机底部有一串条形码编码，是主机机号。

图1.2-3中部分功能说明如下：

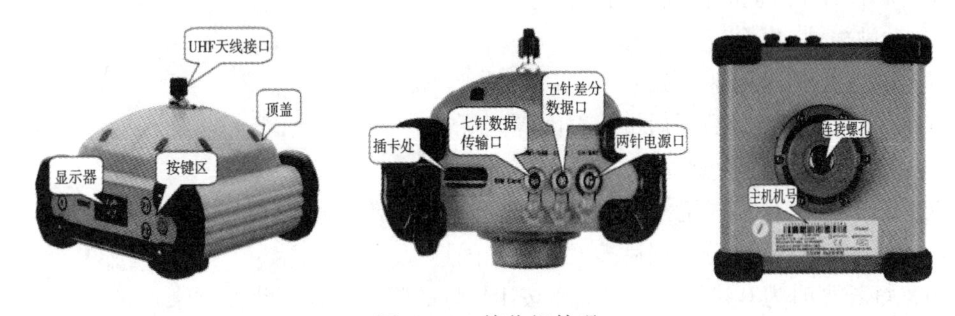

图1.2-3 接收机外观

UHF天线接口：安装UHF电台天线；

两针电源口：CH/BAT 为主机电池充电接口；

五针差分数据口：COM2 为电台接口，用来连接基准站外置发射电台；

七针数据传输口：COM1/USB 为数据接口，用来连接电脑传输数据，或者用手簿连接主机时使用；

插卡处：在使用 GSM/CDMA/3G 等网络时，安放手机卡；

连接螺孔：用于固定主机于基座或对中杆中；

主机机号：用于申请注册码，和手簿蓝牙识别主机及对应连接。

2）按键及指示灯

指示灯位于液晶屏的两侧，左侧的 TX 灯、RX 灯分别为发信号指示灯和接信号指示灯，BT 灯、DATA 灯分别为蓝牙灯和数据传输灯。按键从左到右依次为重置键、两个功能键和开关机键。它们的信息如表 1.2-1 所示。

表 1.2-1　**按键及指示灯功能**

项目	功　能	作用或状态
开关机键	开关机，确定，修改	开机，关机，确定修改项目，选择修改内容
F1 键或 F2 键	翻页，返回	一般为选择修改项目，返回上级接口
重置键	强制关机	特殊情况下关机，不会影响已采集数据
DATA 灯	数据传输灯	按采集间隔或发射间隔闪烁
BT 灯	蓝牙灯	蓝牙接通时 BT 灯长亮
RX 灯	接收信号指示灯	按发射间隔闪烁
TX 灯	发射信号指示灯	按发射间隔闪烁

各种模式下指示灯状态说明：

①静态模式。

DATA 灯按设置的采样间隔闪烁。

②基准站模式（电台）。

TX 灯、DATA 灯同时按发射间隔闪烁。

③移动站模式（电台）。

RX 灯按发射间隔闪烁。

DATA 灯在收到差分数据后按发射间隔闪烁。

BT（蓝牙）灯在蓝牙接通时长亮。

④GPRS 模块工作模式正常通信时 TX 灯、RX 灯交替显示。

⑤DATA 灯在收到差分数据后按发射间隔闪烁。

⑥TX 灯长亮时为有错误，错误类型按 RX 灯的闪烁方式判断：

RX 灯快闪，卡无 GPRS 功能，或欠费停机，或 APN 错误，或用户名密码注册被网络拒绝。

RX 灯闪 1 次，无基站或移动站与其相连，出现 VRS_NTRIP 时为错误注册码或等待验证，此时网络是通的。

RX 灯闪 2 次，连接被服务器断开。

RX 灯闪 3 次，无天线或信号太差，等网络信号。

RX 灯闪 4 次，TCP 连接超时，可能 IP 或端口不正确。

RX 灯闪 5 次，无知的错误。

TX、RX 同时点亮为 close 状态。

(二)安装和操作 GNSS 接收机

1. 静态测量时仪器安装

静态测量时仪器安装步骤如下：

1)仪器架设

将仪器安置在测量点上，高度适中、脚架踏实、严格对中整平。见图 1.2-4。

图 1.2-4　静态仪器安置

2)仪器高的量取

量取仪器高三次，三次量取的结果之差不得超过 3mm，并取平均值。仪器高应由控制点标石中心量至仪器的测量标志线的上边处。

3)记录

记录点名、仪器 SN 号、仪器高、开始观测时间。

4)采集静态数据

打开接收机，将接收机设置成静态模式，接收机搜到足够卫星后会自动开始记录静态；接收机记录静态过程当中不要触动脚架或仪器，尽量避免人为干扰，安排专人看守。

5)结束静态采集

结束采集时，关闭静态模式，在结束之前再次从三个方向量测天线高，记录下平均值。

2. RTK 作业时仪器架设(内置电台模式)

RTK(Real Time Kinematic)即实时动态测量。RTK 技术是全球卫星导航定位技术与数据通信技术相结合的载波相位实时动态差分定位技术，包括基准站和移动站，基准站将其数据通过电台或网络传给移动站后，移动站进行差分解算，便能够实时地提供测站点在指定坐标系中的坐标。

根据差分信号传播方式的不同，RTK 分为电台模式和网络模式两种。

内置电台模式安置基准站及移动站具体如图 1.2-5、图 1.2-6 所示。

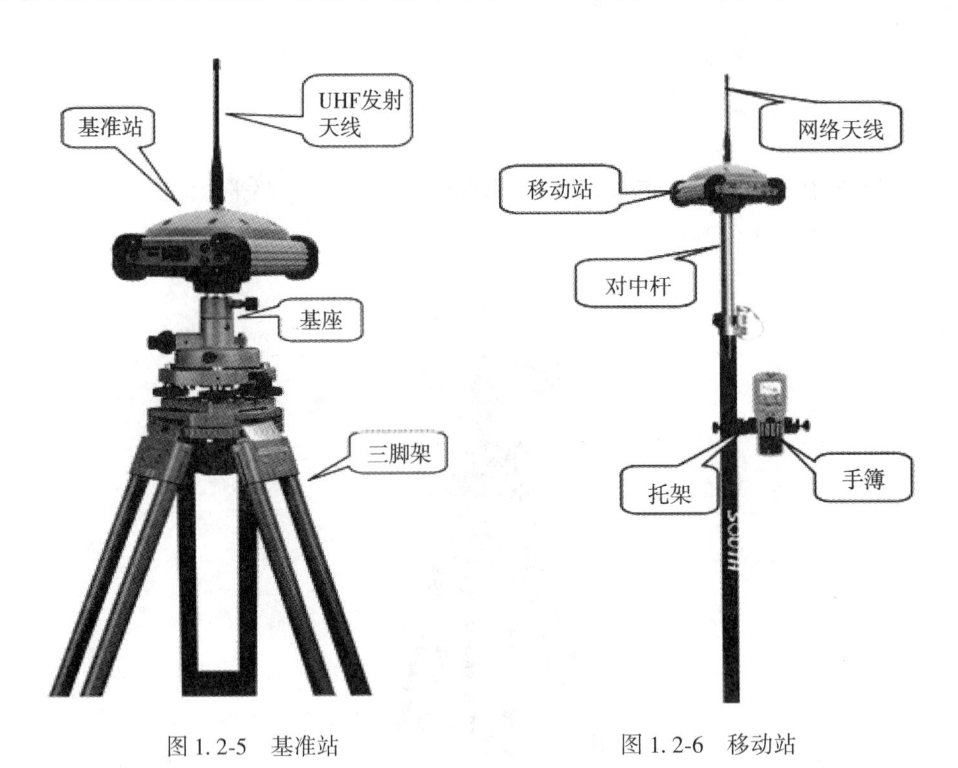

图 1.2-5　基准站　　图 1.2-6　移动站

1)基准站架设

基准站一定要架设在视野比较开阔、周围环境比较空旷、地势比较高的地方；避免架设在高压输变电设备附近、无线电通信设备收发天线旁边、树荫下以及水边，否则会对 GPS 信号的接收以及无线电信号的发射产生不同程度的影响。

基准站架设步骤如下：

(1)将接收机设置为基准站内置模式；

(2)安装好主机 UHF 差分天线；

(3)固定好机座和基准站接收机；

(4)将仪器安置到三脚架上即可，并启动仪器(如果架在已知点上，要做严格的对中整平，量取仪器高)。

2)移动站安置

确认基准站发射成功后，即可开始移动站的架设，步骤如下：

(1)将接收机设置为移动站电台模式；
(2)打开移动站主机，将其固定在碳纤对中杆上面，拧上 UHF 差分天线；
(3)安装好手簿托架和手簿。

(三)认识 S730 手簿

1. 手簿简介

S730 是一款在商业和轻工业方面用于实时数据计算的掌上电脑，操作系统为微软公司的 Windows CE 6.0，并可以扩展为其他用途。

S730 电源部分采用下列两种供电方法：外接电源供电；锂电池供电。

开机：按住电源键几秒钟之后，当指示灯闪蓝光时，将开机。

关机：按住电源键几秒钟之后，指示灯光闭，将关机。

2. S730 手簿外观及键盘

1)手簿外观

手簿外观见图 1.2-7、图 1.2-8。

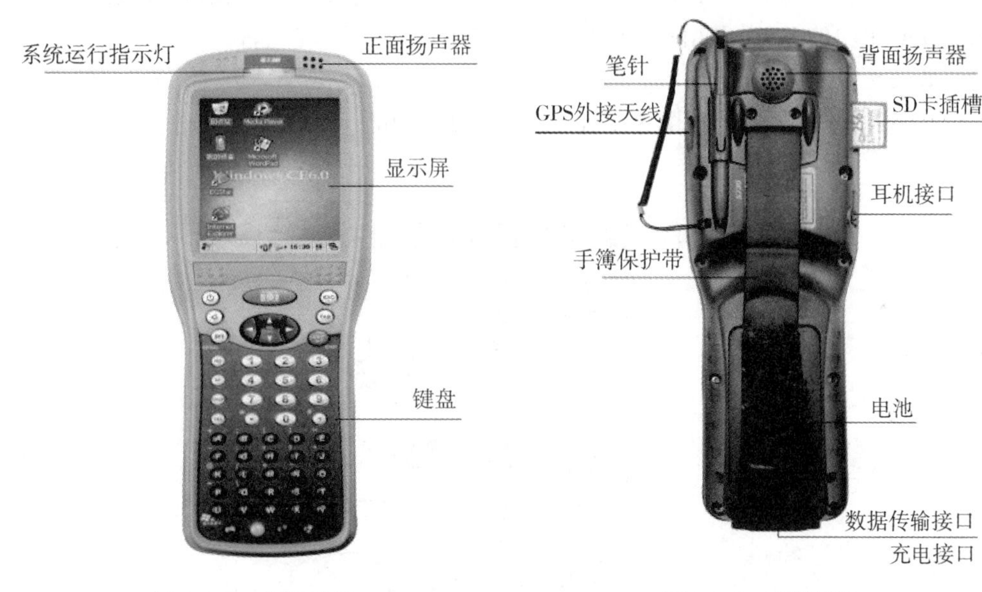

图 1.2-7　手簿正面　　图 1.2-8　手簿背面

2)键盘

如触摸屏出现问题或是反应不灵敏，可以用键盘来实现。不支持同时按两个或多个键，每次只能按一个键。

S730 配备了字母和数字的 55 键式标准键盘。其中红键和蓝键为辅助功能键。见图 1.2-9。

(四)认识和了解工程之星 3.0 软件

工程之星 3.0 软件(以下简称为工程之星)是安装在 S730 等工业手簿上的 RTK 野外

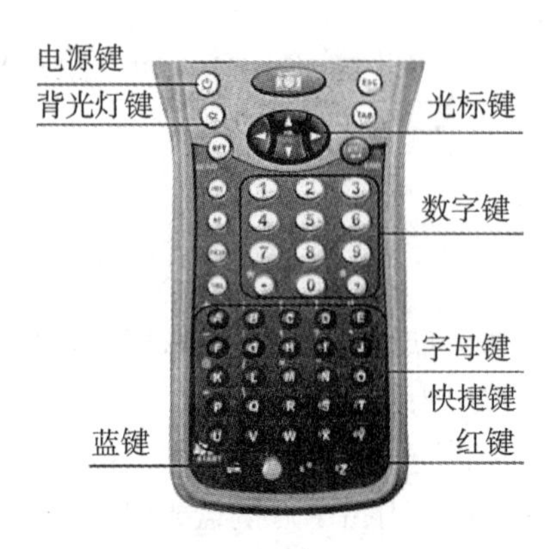

图1.2-9 键盘介绍

测绘软件。

1. 工程之星的安装

工程之星的安装程序为EGStar.exe。用户可以通过存储卡或是数据线直接把安装程序复制到S730手簿的EGStar文件夹下或自定义文件夹。

2. 工程之星软件概述

运行工程之星软件，进入主界面视图，如图1.2-10所示。

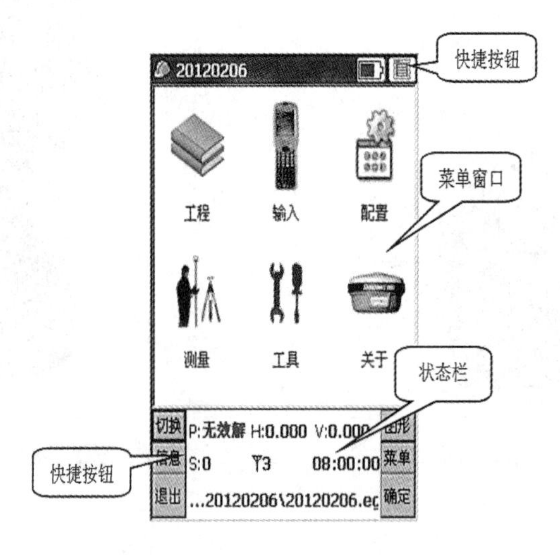

图1.2-10 软件主界面视图

主界面窗口分为6个主菜单栏和状态栏：

菜单栏集成着所有菜单命令，内容分为6个部分：工程、输入、配置、测量、工具、关于6个部分。

状态栏显示的是当前移动站接收机点位的信息，如：差分解的状态、平面和高程精度情况，中间的信号条表示数据链通信状态，数据链前面的数字表示当前的电台通道。

主窗口的右上角电池标志和文件标志代表的是手簿的电池信息和当前的参数信息，点击可以看到详细信息。

中间的菜单栏分别有子菜单，单击以呈现出子菜单，然后选择子菜单就可以进入所需要的界面。

3. 新建工程

野外工作的第一步一般都是要新建工程，给工程冠以名称(如工程项目名称或日期等)；第二步是设置坐标系、天线高、存储、显示等；第三步进行其他设置等。

单击“新建工程”，出现新建工程的界面，如图 1.2-11 所示。

首先在工程名称里面输入所要建立工程的名称，新建的工程将保存在默认的作业路径 EGJobs 里面，然后单击“确定”，进入参数设置向导，如图 1.2-12 所示。

图 1.2-11 新建工程

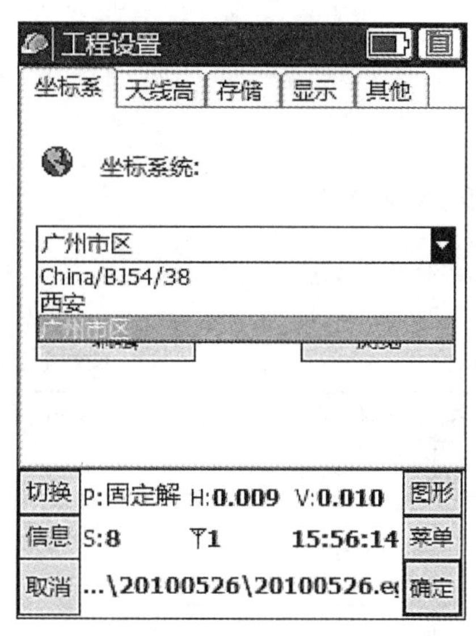

图 1.2-12 工程设置

在工程设置中选取坐标系、输入天线高(直高、斜高或杆高)、存储方式、显示等。

坐标系统下有下拉选项框，可以在选项框中选择合适的坐标系统，也可以点击下边的“浏览”按钮，查看所选的坐标系统的各种参数。如果没有合适所建工程的坐标系统，可以新建或编辑坐标系统，单击“编辑”按钮，出现如图 1.2-13 所示界面。

输入参考系统名，在椭球名称后面的下拉选项框中选择工程所用的椭球系统，输入中央子午线等投影参数。然后在顶部的选择菜单(水平、高程、七参、垂直)中选择并输入所建工程的其他参数，并且点击“使用 * * 参数”前方框，方框里会出现✓，表明新建的工程中会使用此参数。如果没有四参数、七参数和高程拟合参数，可以单击“OK”，则坐标系统已经建立完毕。单击“OK”进入坐标系统界面。

新建工程完毕。

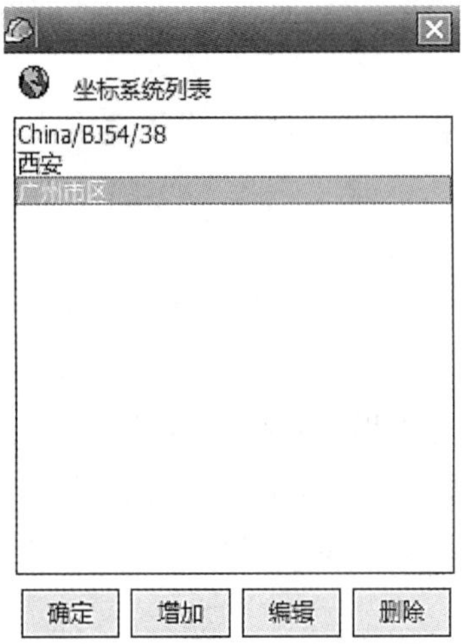

坐标系统列表

China/BJ54/38

西安

广州市区

确定 增加 编辑 删除

图 1.2-13 坐标系统

(五)完成表格

完成表 1.2-2。

表 1.2-2 **GNSS 接收机天线高记录**

测站点名	仪器类型	仪器型号	观测时段	天线高(斜高)	开机时间	关机时间

填表人:　　　　　　　　　　　　填表日期:

项目 2　静态控制测量

任务 2.1　GNSS 接收机静态控制测量外业观测

一、任务概况

熟练地掌握 GNSS 接收机的使用方法；掌握 GNSS 作业计划的制订；熟悉 GNSS 静态定位外业的观测过程，在该实训中须完成如下任务：

(1)踏勘选点并布设 GNSS 控制网。

(2)制订外业观测计划。

(3)GNSS 控制网外业观测。

二、器材准备与人员组织

(一)器材准备

(1)GNSS 接收机(含电池、基座、脚架)若干台。

(2)空白表格——GNSS 控制点点之记、作业调度表、外业观测手簿。

(二)实训场地

校园内及校园周边。

(三)人员组织

每班分若干组，每组借领 GNSS 接收机 1 台套，内含 GNSS 接收机 1 台、电池 1 块、三脚架 1 个、基座 1 个、2m 钢卷尺 1 个。

三、任务实施

(一)GNSS 控制网布网原则与设计

(1)GNSS 网应根据测区实际需要和交通状况进行设计，GNSS 网的点与点间不要求通视，但应考虑常规测量方法加密时的应用，每点应有一个以上通视方向。

(2)在布网设计中应顾及原有城市测绘成果资料以及各种大比例尺地形图的沿用，宜采用原有城市坐标系统，对凡符合GNSS网布点要求的旧有控制点，应充分利用其标石。

(3)GNSS网应由一个或若干个独立观测环构成，也可采用附合线路形式构成，各等级GNSS网中每个闭合环或附合线路中的边数应符合规范的规定。

(4)为求定GNSS点在地面坐标系的坐标，应在地面坐标系中选定起算数据和联测原有地方控制点若干个，也可以根据实际需要取定。大、中城市的GNSS网应与国家控制网相互连接和转换，并应与附近的国家控制点联测，联测点数不应少于3个，小城市或工程控制网可联测2~3个点。

(5)为了求得GNSS网点的正常高，应进行水准测量的高程联测，并应按下列要求实测：

①高程联测采用不低于四等水准测量或与其精度相当的方法进行。

②平原地区，高程联测点不少于5个点，并应均匀分布于网中。

③丘陵或山地，高程联测点按测区地形特征，适当增加高程联测点，其点数不少于10个。

④GNSS点高程(正常高)经计算分析后符合精度要求的可供测图或一般工程测量使用。

(二)GNSS网的布设与实施

根据用户的需求，静态GNSS控制网的布设通常情况下有三种方式，分别是：

(1)点连式，同步网之间由一个共同的点连接，这种连接方式的特点是图形结构的强度较弱，但工作效率较高。

(2)边连式，同步网之间由共同边连接，这种连接方式的特点是图形结构的强度较强，但工作效率较低。

(3)混连式，既有点连又有边连，它综合了点连和边连的优缺点。

(三)GNSS选点要求

GNSS选点应符合下列要求：

(1)点位的选择应符合技术设计要求，并有利于其他测量手段进行扩展与联测。

(2)点位的基础应坚实稳定，易于长期保存，并应利于安全作业。

(3)点位应便于安置接收机设备和操作，视野应开阔，被测卫星的地平高度角大于15°。

(4)点位应远离大功率无线电发射源(如电视台、微波站等)，其距离不得小于200m并应远离高压输电线，其距离不得小于50m。

(5)附近不应有强烈干扰接收机卫星信号的物体。

(6)交通应便于作业。

(7)应充分利用符合上述要求的旧有控制点及其标石和觇标。

(四)GNSS点点名命名规则

GNSS点的点名可取村名、山名、地名、单位名，应向当地政府部门或群众进行调查后确定，当利用原有旧点时，点名不更改，点号编排(码)应适合计算机计算。GNSS 点的点之记形式如表 2.1-1 所示。

表 2.1-1 **GNSS 控制点点之记**

日期：_______年_____月_____日 记录者：_________ 绘图者：_________ 校核者：_______

<table>
<tr><td rowspan="3">点名及种类</td><td rowspan="2">GNSS 点</td><td>点名</td><td></td><td rowspan="2">土质</td><td rowspan="2" colspan="2"></td></tr>
<tr><td>点号</td><td></td></tr>
<tr><td>相邻点情况(点名、点号、通视否)</td><td></td><td></td><td>标石说明(单、双层、类别、旧点)</td><td colspan="2"></td></tr>
<tr><td>所在地</td><td colspan="6"></td></tr>
<tr><td>交通路线</td><td colspan="6"></td></tr>
<tr><td rowspan="2">所在图幅号</td><td rowspan="2"></td><td rowspan="2">概略位置</td><td>X</td><td></td><td>Y</td><td></td></tr>
<tr><td>L</td><td></td><td>B</td><td></td></tr>
<tr><td>略图</td><td colspan="6"></td></tr>
</table>

(五)外业观测

根据前一天做好的外业时间安排，外业观测流程如下：

第 1 步，架设仪器。

将仪器安置在测量点上，保持高度适中，脚架踏实，严格对中整平。

第 2 步，测量天线高，见图 2.1-1。

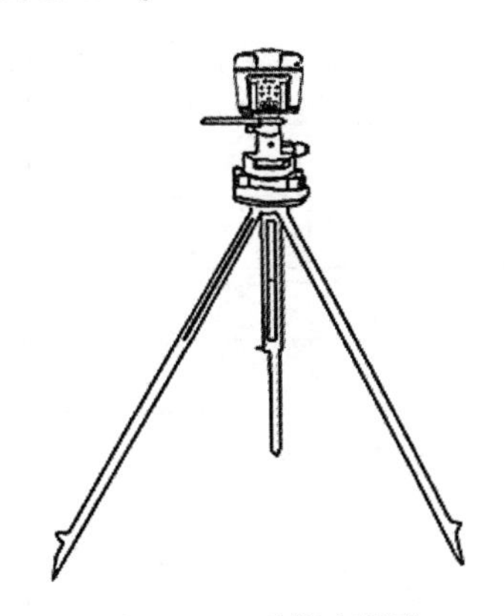

图 2.1-1 天线高量取

第 3 步，记录。

记录点名、仪器 SN 号、仪器高、开始观测时间。

第 4 步，采集静态数据。

打开接收机，将接收机设置成静态模式，接收机搜到足够多的卫星后会自动开始记录静态；接收机记录静态过程当中不要触动脚架或仪器，尽量避免人为干扰，安排专人看守。

第 5 步，再次量取天线高，结束静态采集。

四、技术标准

(一) 制订观测计划

根据卫星可见性预报表、参加作业的接收机台数、点位交通情况、GNSS 网形设计等因素进行观测纲要设计，其内容包括：

(1) 确定测量模式。

(2) 选定最佳观测时段。

(3) 确定同步观测时段长度及起止时间。

(4) 编制观测计划表，填写并下达作业调度命令。

(5) 根据实际作业的进展情况，及时调整观测计划和调度命令。

GNSS 测量作业调度表的编写格式如表 2. 1-2 所示。

表 2. 1-2　**GNSS 测量作业调度表**

时段编号	观测时间	测站名	测站名	测站名	测站名
		机号	机号	机号	机号
1					
2					
3					
4					

(二) 观测作业

(1) 各级测量作业基本技术要求如表 2. 1-3 所示。

(2) 观测组必须严格遵守调度命令，按规定时间同步观测同一组卫星。当没按计划到达点位时，应及时通知其他各组，并经观测计划编制者同意对时段做必要调整，观测组不得擅自更改观测计划。

表 2. 1-3　　**各级测量作业基本技术要求**

级别 项目	AA	A	B	C	D	E
卫星截止角(°)	10	10	15	15	15	15
同时观测有效卫星数	≥4	≥4	≥4	≥4	≥4	≥4
有效观测卫星总数	≥20	≥20	≥9	≥6	≥4	≥4
观测时段数	≥10	≥6	≥4	≥2	≥1. 6	≥1. 6
PDOP 值	<6	<6	<6	<6	<6	<6

(3)一个时段观测过程中严禁进行以下操作：关闭接收机重新启动；进行自检(发现故障除外)；改变接收机预设参数；改变天线位置；关闭和删除文件功能。

(4)观测期间作业员不得擅自离开测站，并应防止仪器受震动和被移动，要防止人员或其他物体靠近、碰动天线或阻挡信号。

(5)在作业过程中，不应在天线附近使用无线电通信。当必须使用时，无线电通信工具应距离天线 10m 以上；雷雨天应关机停止观测。

(6)填写外业观测手簿，见表 2. 1-4。

表 2. 1-4　　**外业观测手簿**

观测者______ 测站名______ 天气状况______	日期____年__月__日 测站号______ 时段数______
测站近似坐标 经度：______°______′ 纬度：______°______′ 高程：______m	本测站为 ______新点 ______等大地点 ______等水准点
记录时间(北京时间) 开始时间______	 结束时间______
接收机号______ 天线高：(m) 1______　2______	 测后校核值______ 平均值______
说明：	

任务2.2　GNSS接收机数据通信

一、任务概况

数据采集完成后要将数据传输到计算机中，通过相应软件进行后处理或绘图使用。数据下载可分为静态观测数据下载和动态观测数据下载两种，本实训内容包括：

(1)华测静态观测数据下载；

(2)手簿数据下载。

二、器材准备

(1)华测X10双频GNSS接收机、电子手簿、数据传输线。

(2)台式计算机。

三、任务实施

(一)华测X10 GNSS接收机静态数据传输

华测X10 GNSS接收机静态数据下载软件为CHC Geomatics Office(CGO)软件，其下载模式有三种，如下所述：

1. USB模式下载

第一步：使用可供电USB数据线USB口与电脑连接；

第二步：下载静态数据。

在电脑弹出的移动磁盘中找到采集的静态数据，复制拷贝到电脑上。X10所有存储的静态数据均在其repo文件夹下。

2. 网页模式下载

1)登录网页

第一步：打开接收机WiFi，用电脑或者其他带WiFi功能的设备搜索接收机；默认名称为接收机“SN号”，默认连接密码为“12345678”。

第二步：打开IE浏览器，在地址栏输入远程地址“192.168.1.1”，回车进入登录界面，默认用户名为“admin”，默认密码为“password”。

2)数据记录

点击网页左侧【数据记录】一栏可以查看【记录设置】【FTP推送设置】【FTP推送记录】【数据下载】。

【数据下载】可通过FTP的方式访问X10的内部存储器，X10所有线程存储的静态数据均在其repo文件夹下，用户可通过下载的方式获得数据。初始用户名、密码均为ftp，用户名、密码也可在“网络服务”→“FTP服务”中进行修改。

3)ftp 模式下载

接收机通过 WiFi 连上电脑，打开【计算机】或【我的电脑】，在地址栏输入“192.168.1.1”，登录名为“ftp”，密码为“ftp”，进入找到对应数据复制出来即可。见图 2.2-1、图 2.2-2。

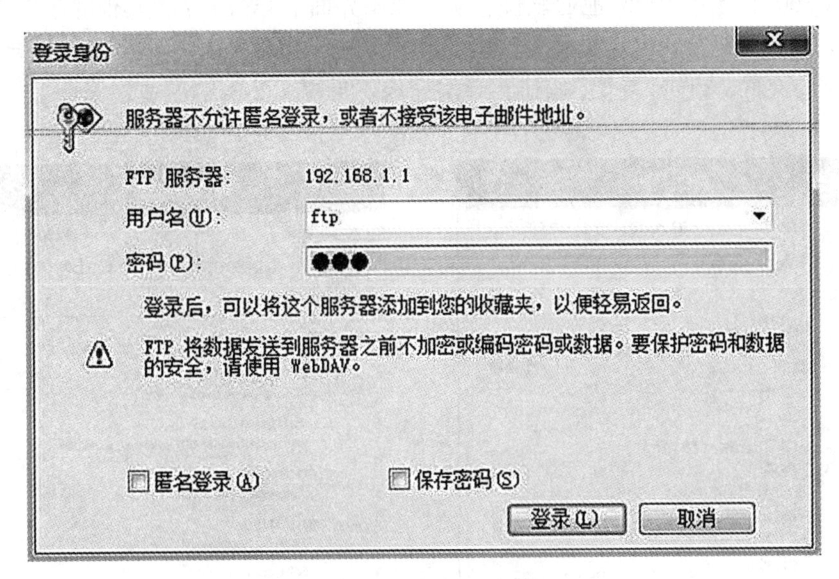

图 2.2-1　登录服务器

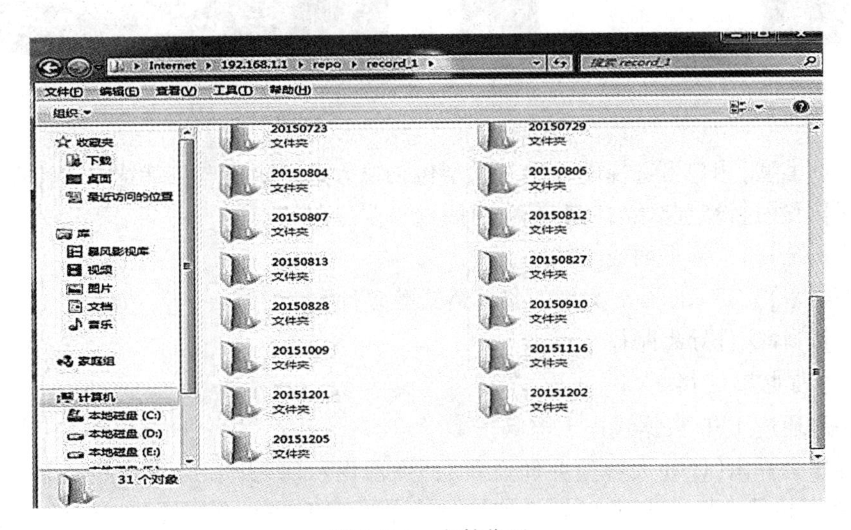

图 2.2-2　文件位置

(二)华测 X10 GNSS 接收机手簿数据传输

华测 X10 GNSS 接收机是一款智能型接收机，手簿与电脑之间有以下几种连接方式：串口连接、WiFi 连接、蓝牙连接及演示模式连接，其软件是 LandStar，目前版本为 LandStar7.2，有电脑版，也有手机版。手簿与电脑通信采用微软同步软件(Microsoft

ActiveSync)，详细步骤如下：

1. 数据导出

导出点的作用为把点坐标导出为需要的格式并且保存到手簿上；坐标类型支持平面及经纬度两种。

在HCE300手簿上打开测地通软件，点击原始界面下“导出”或“其他导出”，输入导出文件名，根据需要勾选导出点类型、时间、坐标系统、文件类型、路径及其他导出项，选择需要导出的文件，点击“导出”按钮，导出完成。见图2.2-3。

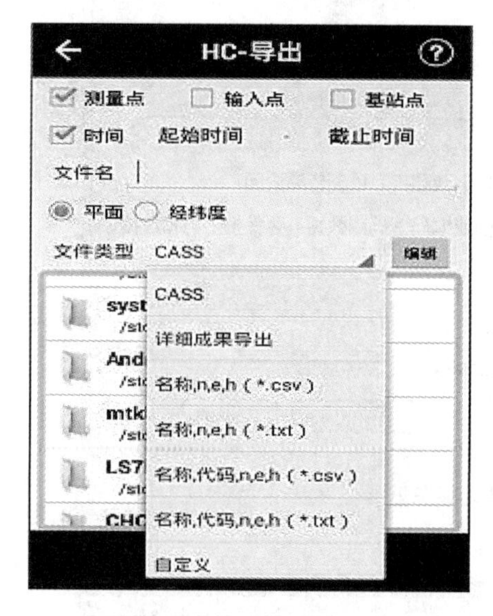

图2.2-3　数据导出

【导出点类型】用户可选择的导出点类型包括输入点、测量点、基站点、计算点四种。

【时间】可通过设定起始时间和截止时间选择要导出的点。

【坐标系统】可选择平面或经纬度。

【文件类型】支持txt，csv类型的文件格式等多种类型。

【路径】选择文件导出路径，点击“导出”。

2. 手簿与电脑连接

(1)手簿通过USB数据线连上电脑。

(2)屏幕会弹出【USB大容量存储设备】，点击提示【打开USB存储设备】，若没有上述提示，在下拉状态栏，出现USB已连接时，点击打开USB存储设备，然后点选“确定”即可。

(3)电脑会弹出USB存储设备，打开即可浏览手簿内存当中的数据。

(4)将需要复制的内容放到储存卡当中，建议放在【Download】文件夹下。

(5)复制完成后中断该产品和电脑间的连接。

(6)打开手簿，在【文件管理】→【手机存储】→【Download】文件夹下可以找到复制的内容。

3. 文件导入

数据导入可以为我们节省工作时间，提高工作效率，减少人为失误率，特别在数据量较大的情况下。具体过程如下：

(1)把需要导入的数据或图形编辑成需要的格式如“ *. txt”、“ *. dxf”、“ *. shp”等。

(2)在手簿与电脑同步连接状态下，把编辑好的文件或图形复制到手簿中。

(3)打开测地通软件，选择“导入”或“底图导入”即可。见图 2. 2-4。

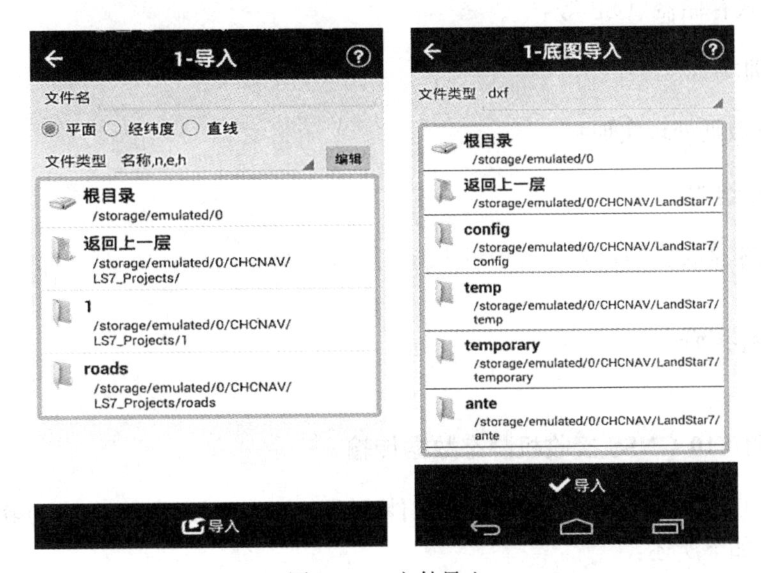

图 2. 2-4 文件导入

任务 2. 3 GNSS 静态数据解算

一、任务概况

为了熟悉 CGO(CHC Geomatics Office)软件，了解其菜单栏和工具栏的作用；了解 CGO 数据导入、自由网平差、约束网平差操作过程；能够分析基线处理报告及数据结果，在该实训中须完成如下任务：

(1)数据传输；

(2)在 CGO 软件中新建项目及建立坐标系统；

(3)导入数据；

(4)GNSS 基线处理；

(5)GNSS 网无约束平差；

(6)GNSS 网约束平差；

(7)成果输出。

二、器材准备与人员组织

(一)器材准备

(1)华测 X10 双频 GPS 接收机、电子手簿、数据传输线。
(2)安装有 CGO 软件的计算机。
(3)便携式存储器(USB 等)。

(二)实训场地

地理信息数据处理实训室。

(三)人员组织

按照 GNSS 接收机的台数分若干组进行，建议每组 3~5 人。

三、任务实施

(一)华测 X10 GNSS 接收机静态数据传输

华测 X10 GNSS 接收机静态数据下载软件为 CHC Geomatics Office(CGO)软件，其下载模式有三种，如下所述：

(1)USB 模式下载；
(2)网页模式下载；
(3)ftp 模式下载。

(二)新建项目及建立坐标系统

1. 新建项目

打开 CGO 软件，点击“文件”→“新建项目”，如图 2. 3-1 所示。输入项目名称及保存路径，点击“确定”，出现项目属性见图 2. 3-2。

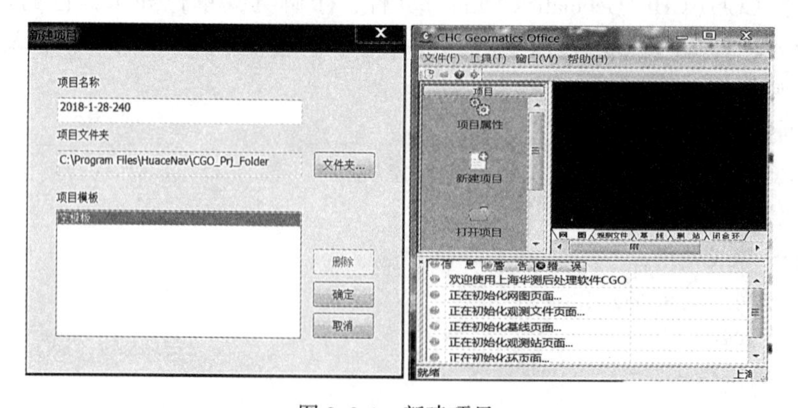

图 2. 3-1　新建项目

2. 项目属性

(1)项目细节：包括标题、描述、参考、现场测绘员、日期、垂直基准、设备。见图 2.3-2。

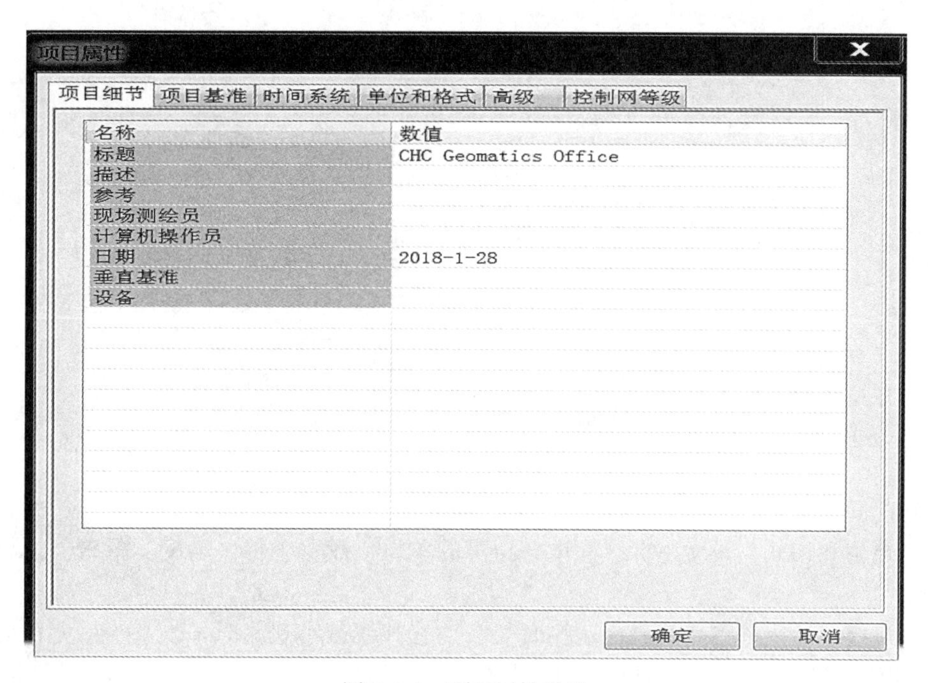

图 2.3-2　项目属性设置

(2)项目基准：单击“改变”，出现坐标系统管理界面，见图 2.3-3。单击“新建”，出现坐标系统设置界面，依据设计书的规定输入各相关信息，见图 2.3-4。

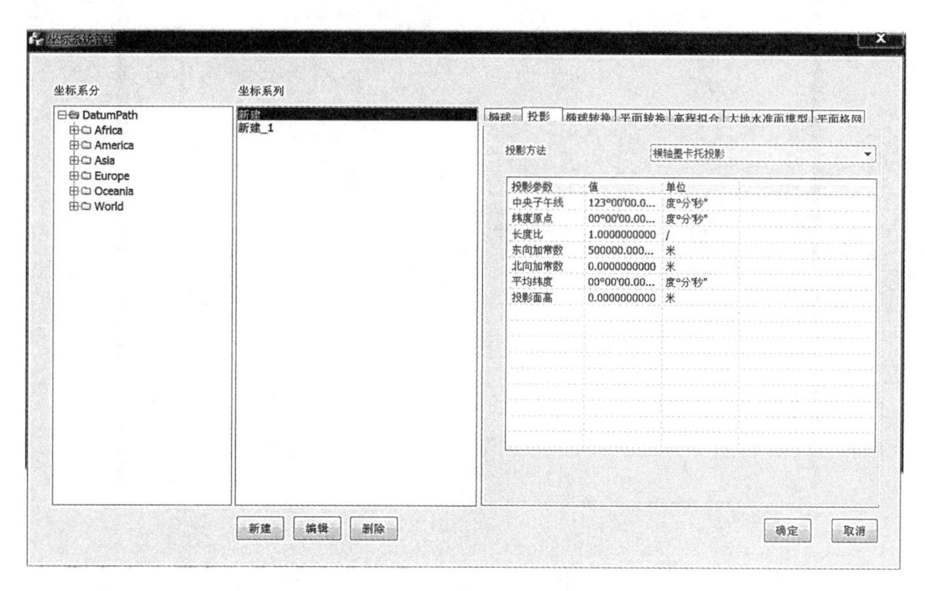

图 2.3-3　坐标系统管理

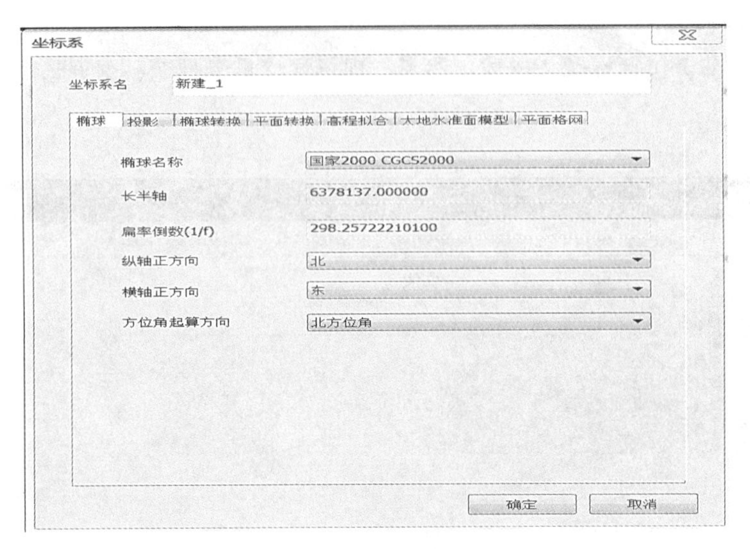

图 2.3-4 坐标系统设置

(3)时间系统：时间选 UTC。

(4)单位和格式：设置坐标、高度、距离的单位，设置坐标、高度、距离、位数及角度格式。

(5)高级：输入静态基线最小观测时长、动态基线最小观测时长、基线最大长度、点位距离阈值、最小同步时长、单点定位采样率。

(6)控制网等级：点击等级名称复选框，在下拉列表中选择相应控制网等级(依据设计书规定选取)，见图 2.3-5。

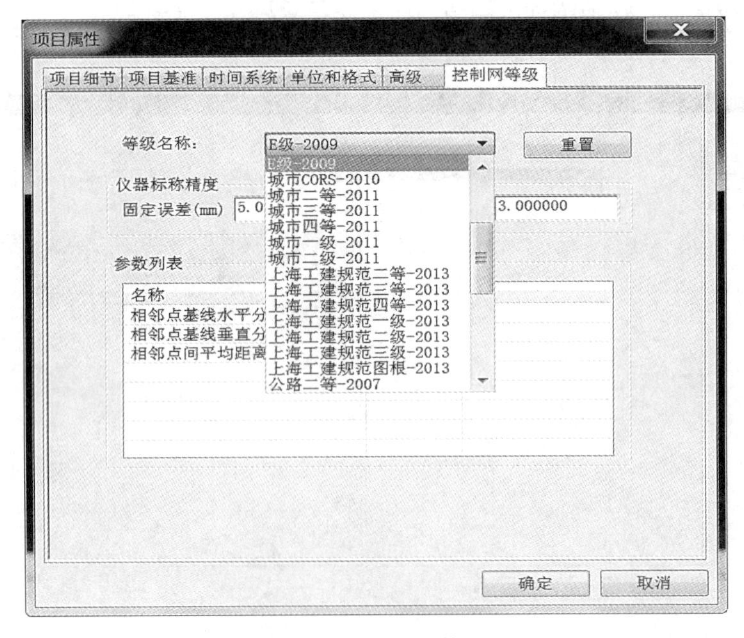

图 2.3-5 控制网等级

3. 完成设置

当上述信息输入完毕后，点击“确定”，项目设置完成。

(三)导入数据

1. 选择导入数据

单击项目栏下的“导入”，依提示选择所有 rinex 文件格式数据或 *.dat 数据文件，打开，导入数据进行中，如图 2.3-6、图 2.3-7 所示。

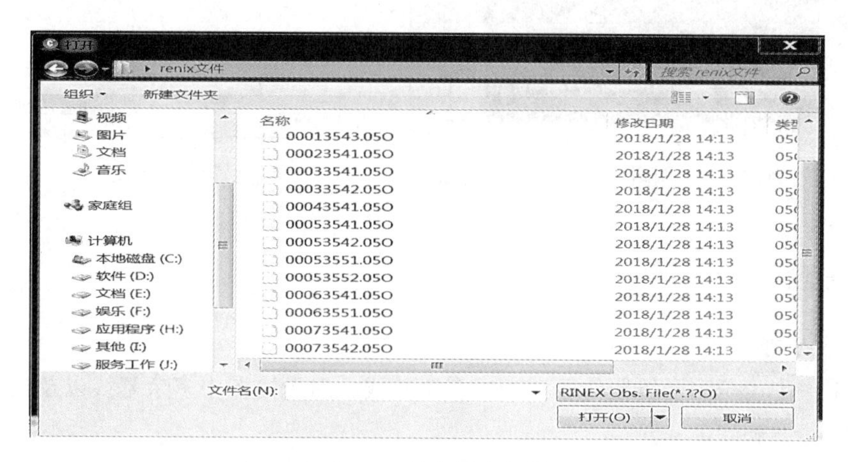

图 2.3-6　选择导入数据

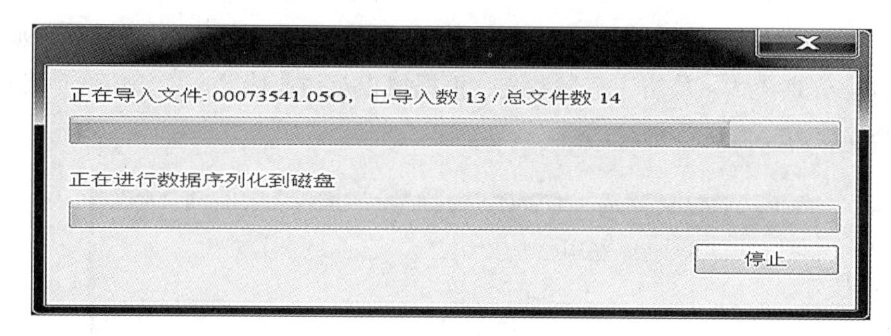

图 2.3-7　导入数据中

导入数据时注意选择在电脑上的存储位置，一般以工程名称新建文件夹。

2. 检查导入数据

将外业点之记记录表和相应的数据对照并修改，一般在外业点名和仪器高没有及时输入的情况下，通过检查可重新更改，修改完后按“确定”，这时软件已经将基线数据导入完毕。

导入数据文件后，我们将看到网图、观测文件、测站、基线、闭合环情况。

(1)网图检查：网图组成后，网图中的点标记可以同时显示及关闭(名称、高程及大地高)。网图查看主要看组网形状及点名，根据设计要求对组网中的多余基线进行删除。见图 2.3-8、图 2.3-9。

(2)数据检查：数据检查包括外业天线高、点名、观测起止时间、时段等的检查。

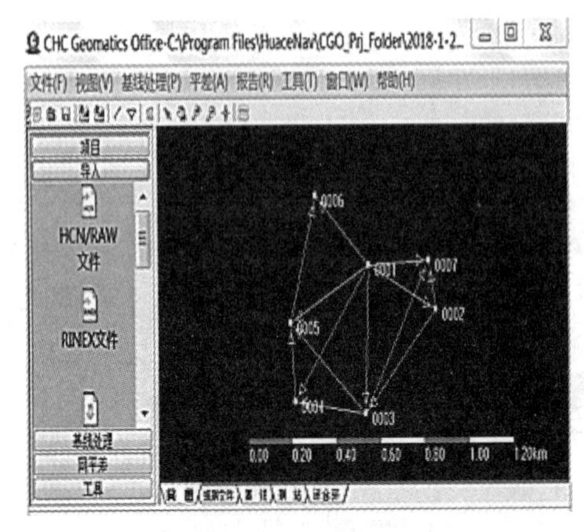

图 2.3-8　网图

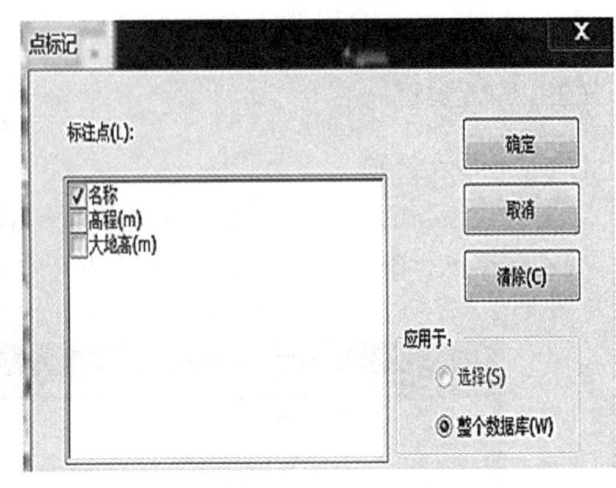

图 2.3-9　点标记

(四)基线处理

1. 基线处理设置

实际工作中由于多台机器作业会产生多余基线，对于网图中多余基线以及没有按设计书组网的基线要删除。

点击屏幕左端基线处理设置，显示处理内容包括：常用设置、处理程序、对流层电离层、高级。

(1)常用设置：常用设置包括高度截止角、数据采样间隔、最小历元数、观测值/最佳值、自动化处理模式、星历、卫星系统。根据规程及作业情况选择相应选项及输入相应的值。见图 2.3-10。

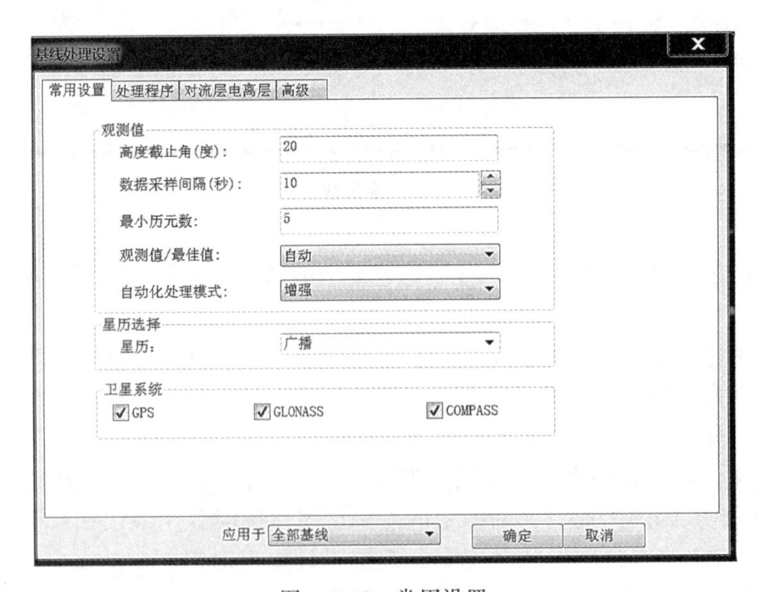

图 2.3-10　常用设置

(2)处理程序：包括处理模式、观测时间设置等。见图 2.3-11。

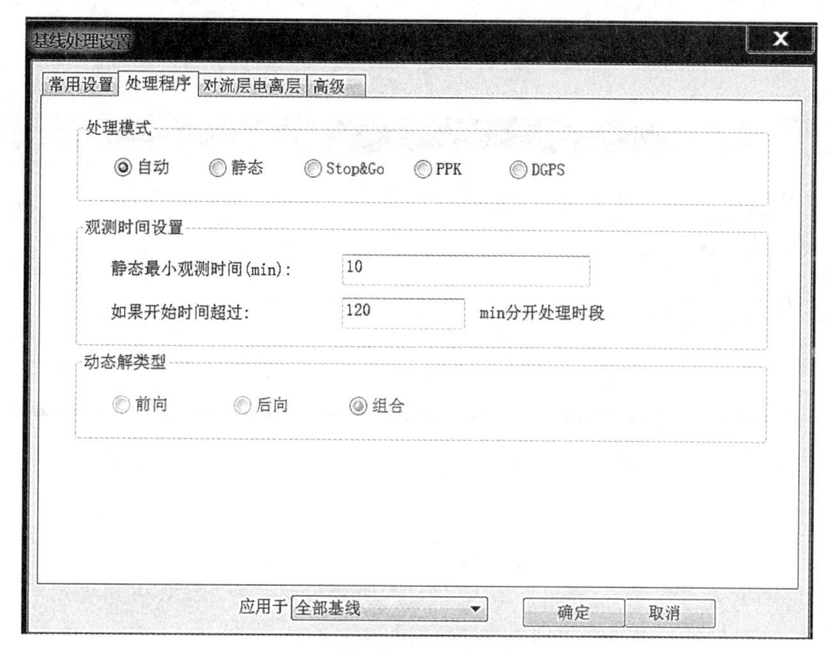

图 2.3-11　处理程序

(3)对流层电离层：包括大气模型(对流层改正模型、电离层改正模型)、气象数据，见图 2.3-12。

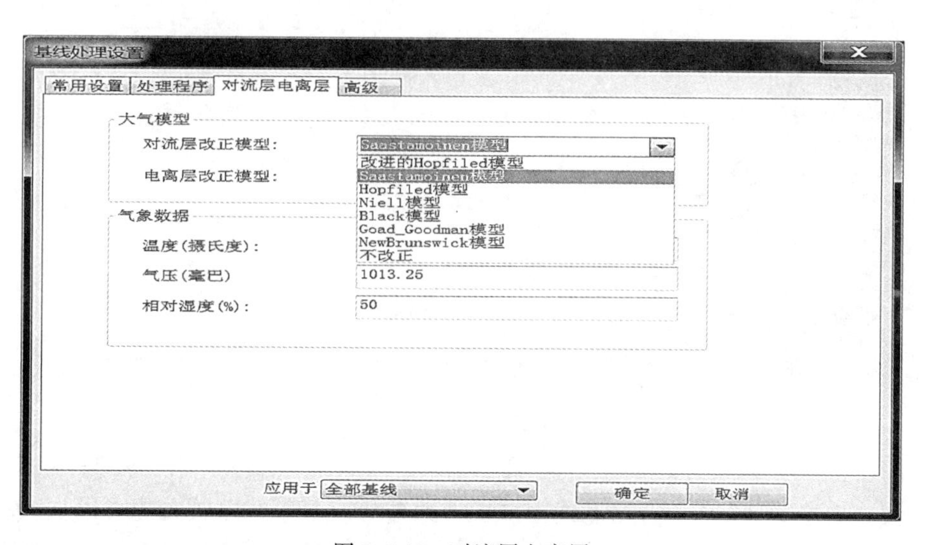

图 2.3-12　对流层电离层

(4)高级：包括质量控制、截止值、模糊度搜索等。

(5)当全部设置完成后，点击“确定”按钮，基线设置完成。

2. 基线解算

点击屏幕左端项目栏基线处理，这时软件自动进行基线处理。其处理过程见图2.3-13。

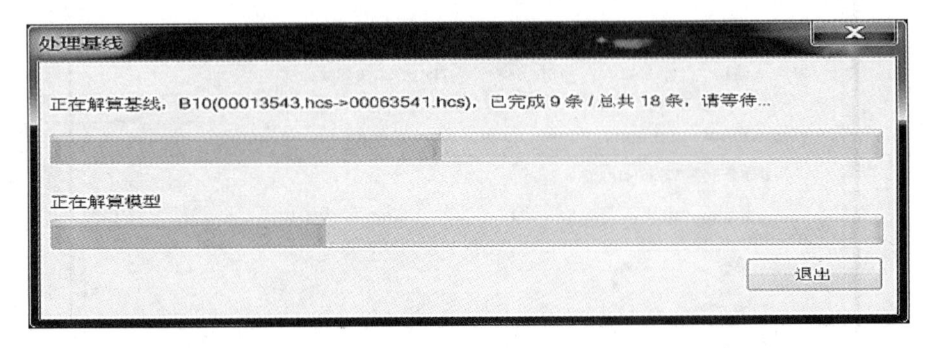

图2.3-13　基线处理

3. 基线处理报告

框选屏幕所有基线，点击屏幕左端项目栏“基线处理”→“基线处理报告”，也可点击菜单栏“报告”→“基线处理报告”进行查看。见图2.3-14。

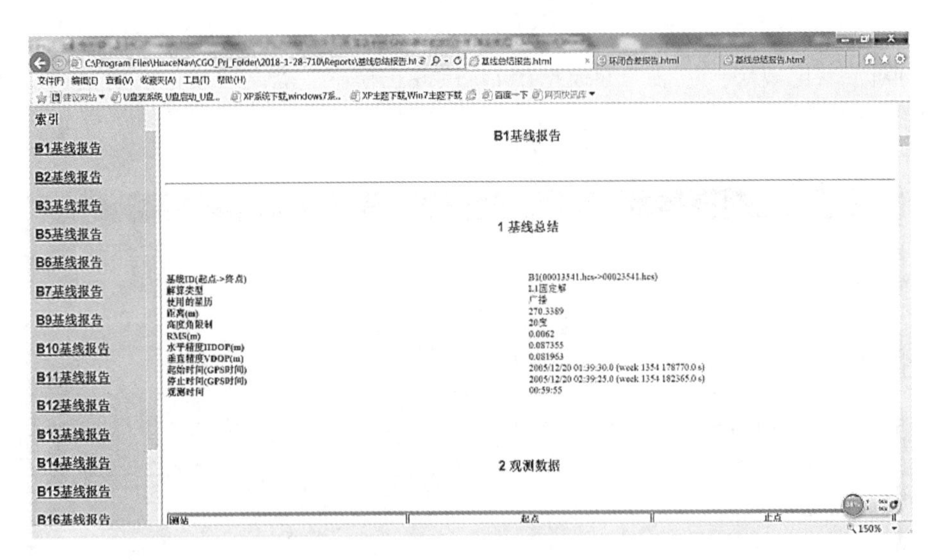

图2.3-14　基线报告

基线查看主要是查看不合格基线卫星图、残差等。对于残差较大的可以从“基线”→“残差”中剔除；不合格基线经过重新设置高度截止角及历元间隔，剔除残差较大的卫星，重新解算也可以达到合格状态。剔除某颗卫星的方法就是将星历图右侧勾选框中的“✓”去掉。见图2.3-15。

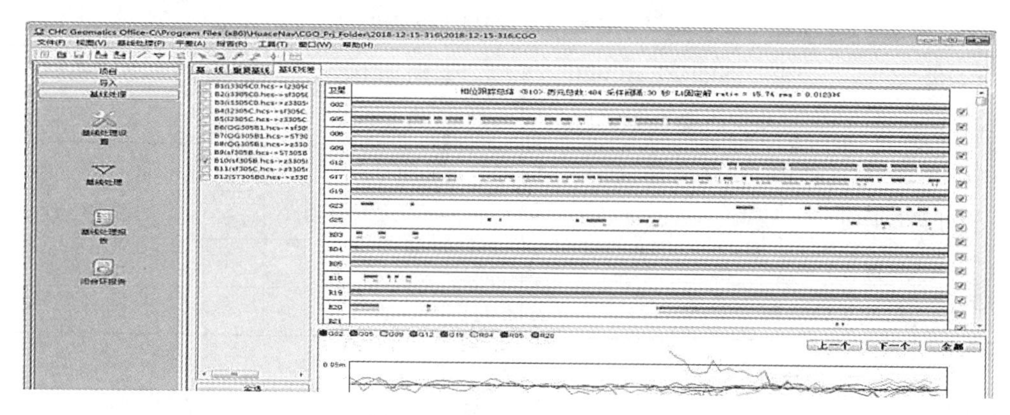

图 2.3-15 卫星星历及残差

4. 闭合环报告

(1)基线处理完成后，要进一步检查 GNSS 网中各项测量的质量或错误，基线处理完成后软件自动进行环闭合差计算，给出环闭合差是否合格。软件中对质量判定只有“合格”与“不合格”。如果某个闭合环质量不合格，要对闭合环中的基线进行重新设置高度截止角、历元间隔及卫星残差等处理。见图 2.3-16。

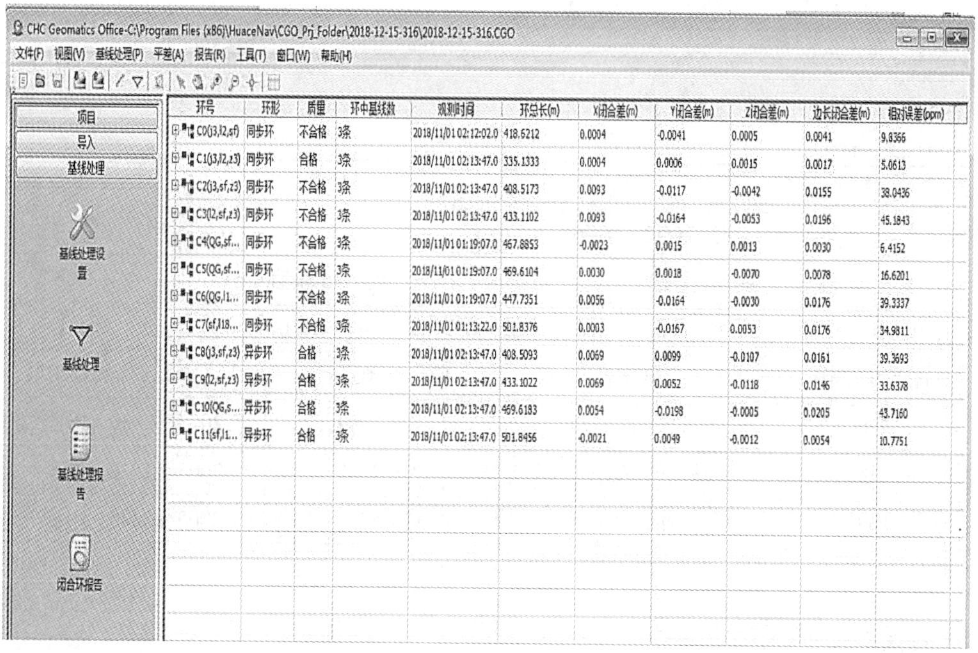

CHC Geomatics Office-C:\Program Files (x86)\HuaceNav\CGO_Prj_Folder\2018-12-15-316\2018-12-15-316.CGO

文件(F) 视图(V) 基线处理(P) 平差(A) 报告(R) 工具(T) 窗口(W) 帮助(H)

项目
导入
基线处理
基线处理设置
基线处理
基线处理报告
闭合环报告

环号	环形	质量	环中基线数	观测时间	环总长(m)	X闭合差(m)	Y闭合差(m)	Z闭合差(m)	边长闭合差(m)	相对误差(ppm)
C0(j3,l2,sf)	同步环	不合格	3条	2018/11/01 02:12:02.0	418.6212	0.0004	-0.0041	0.0005	0.0041	9.8366
C1(j3,l2,z3)	同步环	合格	3条	2018/11/01 02:13:47.0	335.1333	0.0004	0.0006	0.0015	0.0017	5.0613
C2(j3,sf,z3)	同步环	不合格	3条	2018/11/01 02:13:47.0	408.5173	0.0093	-0.0117	-0.0042	0.0155	38.0436
C3(l2,sf,z3)	同步环	不合格	3条	2018/11/01 02:13:47.0	433.1102	0.0093	-0.0164	-0.0053	0.0196	45.1843
C4(QG,sf...	同步环	不合格	3条	2018/11/01 01:19:07.0	467.8853	-0.0023	0.0015	0.0013	0.0030	6.4152
C5(QG,sf...	同步环	不合格	3条	2018/11/01 01:19:07.0	469.6104	0.0030	0.0018	-0.0070	0.0078	16.6201
C6(QG,l1...	同步环	不合格	3条	2018/11/01 01:19:07.0	447.7351	0.0056	-0.0164	-0.0030	0.0176	39.3337
C7(sf,l18...	同步环	不合格	3条	2018/11/01 01:13:22.0	501.8376	0.0003	-0.0167	0.0053	0.0176	34.9811
C8(j3,sf,z3)	异步环	合格	3条	2018/11/01 02:13:47.0	408.5093	0.0069	0.0099	-0.0107	0.0161	39.3693
C9(l2,sf,z3)	异步环	合格	3条	2018/11/01 02:13:47.0	433.1022	0.0069	0.0052	-0.0118	0.0146	33.6378
C10(QG,s...	异步环	合格	3条	2018/11/01 02:13:47.0	469.6183	0.0054	-0.0198	-0.0005	0.0205	43.7160
C11(sf,l1...	异步环	合格	3条	2018/11/01 02:13:47.0	501.8456	-0.0021	0.0049	-0.0012	0.0054	10.7751

图 2.3-16 闭合环质量

(2)环闭合差报告。点击“基线处理”→“环闭合差报告”，软件自动生成浏览器页面；也可选择菜单栏“报告”来完成环闭合差报告。环闭合差文本内容如表 2.3-1、表 2.3-2、表 2.3-3 所示(以 C0 环为例)：

表 2. 3-1　**环闭合差报告(2018-1-28-710)**

用户名称	USER-20161016RF	日期与时间	2018-01-28　18:25:12
项目基准	案例 2-北京 54-高斯 3°	大地水准面	
投影名称	高斯三度带投影	带号	
最小同步时间	5 分钟		
距离单位	m		
高程单位	m		

表 2. 3-2　**总　　结**

闭合环节点	3
闭合环总数	19
同步环总数	9
异步环总数	10
通过的数目	19
失败的数目	0
Δ 水平限差(m)	0. 0300
Δ 垂直限差(m)	0. 0500

表 2. 3-3　**C0 环报告**

环类型	同步环	质量检验	通过
观测时间(GPST)	2005/12/20　01:39:30		

环组合	环长度(m)	Δ 水平(m)	Δ 垂直(m)	PPM
B1-B2-B11	1038. 6438	0. 0007	0. 0029	2. 860049

环中基线 ID	解算类型	椭球距离(m)	开始时间(GPST)
B1	L1 固定解	270. 3389	2005/12/20　01:39:30
B2	L1 固定解	393. 7305	2005/12/20　00:56:15
B11	L1 固定解	374. 5745	2005/12/20　01:39:30

(五)GNSS 网无约束平差

自由网平差(网的无约束平差)的功能全部在 CGO 软件菜单栏的“平差”中，项目栏中的“网平差”则包括了所有功能。

1. 平差设置

点击项目栏“平差设置”，弹出平差设置对话框，包括质量、参数、基线加权。见图 2. 3-17。

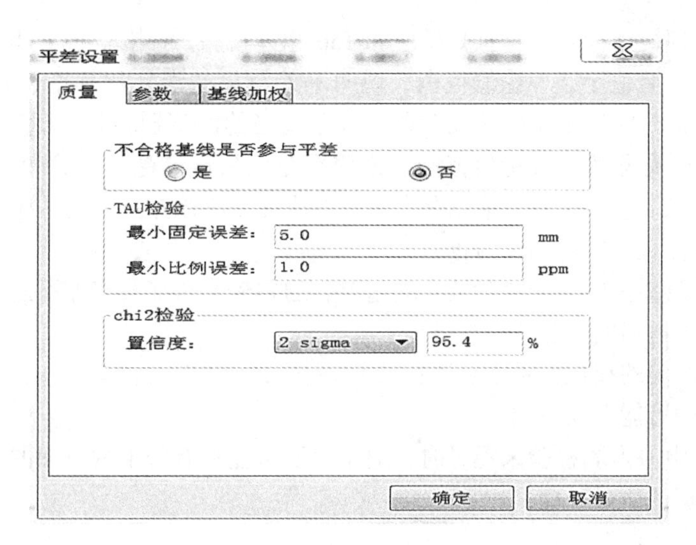

图 2.3-17　平差设置

2. 平差

点击项目栏“网平差”→“平差”，弹出对话框。选择自由网平差类型为“秩亏自由网平差”或“固定任一点”；约束平差类型选择“WGS84 坐标系统”；高程拟合选择“固定差改正”或“平面拟合”或“二次曲面拟合”等，高程拟合方法选取决定于已知点的数量。

各项参数设置完成，点击“平差”，无约束平差完成。

3. 平差报告

平差结束后，点击“报告”显示平差报告，报告索引内容及统计总结如图 2.3-18、图 2.3-19 所示。在统计总结下显示迭代平差是否通过。如果网在最大迭代次数消失前收敛，平差就会以较少迭代结束，本例迭代次数 2 次；网参考因子如果接近于 1.0，自由度可以接受，那么网就在数学上拟合，卡方检验通过。在平差时软件会提示一个参考值，本例为 1.7；卡方检验是一种假设检验，值越小，观测值偏离真值越小；Chi2 检验值在 8.1 和 31.8 之间，因此检验合格。如果不通过，选择加权策略。

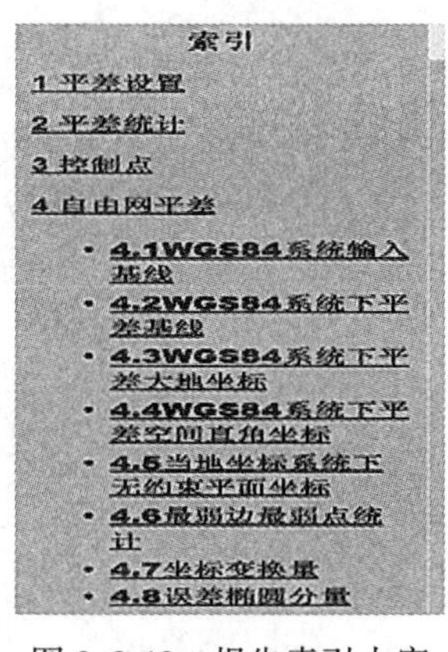

图 2.3-18　报告索引内容

统计总结	
成功平差的迭代数	2
网参考因子	1.700000
x2卡方检验	通过
Chi2计算值	21.736453
Chi2检验范围	8.100000～31.800000
单位权中误差比	1.098900
精度置信水平	2 sigma
自由度	3

图 2.3-19　报告统计总结

网平差的数理统计检验主要有χ^2检验和Tau粗差检验。χ^2检验结果显示了平差结果的可靠性，如果χ^2检验值小于理论值范围，说明平差结果的误差比理论误差小，即平差结果比想象的好，此时一般不需处理或者通过选取适当的“基线标准差置信度(松弛因子)”来使χ^2检验通过；如果大于理论值范围，说明平差结果误差超过容许范围，应该是基线的解算结果误差过大或者控制点信息存在粗差造成的，应该查找问题基线或者控制点，修正后再次进行解算直到检验通过为止。

在三维无约束平差中，当χ^2检验未通过时，通常表明可能具有如下三方面的问题：

(1)给定了不适当的先验单位权方差；

(2)观测值之间的权比关系不合适；

(3)观测值中可能存在粗差。

在约束平差中，当χ^2检验未通过时，通常表明可能具有如下两方面的问题：

(1)起算数据的质量不高；

(2)GNSS网的质量不高。

大多数情况下是第一种原因。

Tau检验是检验参与平差的基线是否存在粗差，一般由平差后各基线的改正数大小决定检验结果，如果某条基线Tau检验无法通过，则需要重新解算基线再参与平差，或者直接禁用该基线。

如网平差结果通过不了检验，需要从以下几个方面来寻找不合格的原因：

(1)检查坐标系等是否设置正确。

(2)检查控制点是否正确，并且在一个坐标系统内。

(3)检查基线向量网是否正确，对于不合格的静态可以禁止它参与网平差，如该基线不能删除或在基线网中非常重要，则需重新解算，必要时重新进行外业观测。

(4)检查观测文件的测站点、天线高是否正确，出现这种情况的时候，往往闭合差或自由网平差的结果非常高。

(5)在不影响网平差结构时可以直接将质量较差的观测值删除。

通常，在网图符合要求，基线解均规范要求的条件下，一般都能通过两种检验，顺利完成三维无约束平差。

(六)GNSS网约束平差

无约束平差完成后，输入联测的已知点坐标，完成GNSS观测值转换为当地坐标。本例已知点0001(4542637.413，564682.445，291.615)和点0006(4542817.522，564501.745，263.223)为1954北京坐标，投影为高斯3°带投影，中央子午线经度为123°。

1. 输入已知点

点击项目栏→“网平差”→“录入已知点”，弹出对话框见图2.3-20。输入已知点坐标，在对话框最后项里选择“NEH”，点击“确定”，水准高选择“H”。

2. 平差

已知点输入完成后，点击“平差”，弹出对话框，设置高程拟合为“平面拟合”，点击“平差”，再点击“报告”，报告已生成。见图2.3-21。

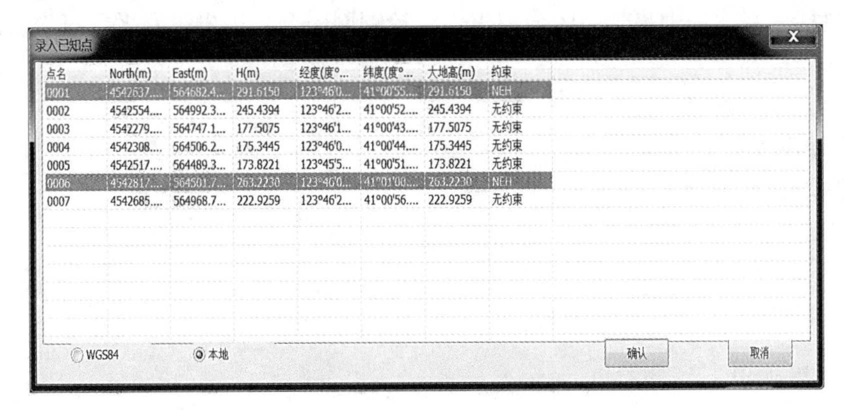

录入已知点

点名	North(m)	East(m)	H(m)	经度(度°...	纬度(度°...	大地高(m)	约束
0001	4542637....	564682.4...	291.6150	123°46'0...	41°00'55....	291.6150	NEH
0002	4542554....	564992.3...	245.4394	123°46'2...	41°00'52....	245.4394	无约束
0003	4542279....	564747.1...	177.5075	123°46'1...	41°00'43....	177.5075	无约束
0004	4542308....	564506.2...	175.3445	123°46'0...	41°00'44....	175.3445	无约束
0005	4542517....	564489.3...	173.8221	123°45'5...	41°00'51....	173.8221	无约束
0006	4542817....	564501.7...	263.2230	123°46'0...	41°01'00....	263.2230	NEH
0007	4542685....	564968.7...	222.9259	123°46'2...	41°00'56....	222.9259	无约束

WGS84　本地　确认　取消

图 2.3-20　输入已知点坐标

图 2.3-21　约束网平差

3. 平差报告

1）报告存储路径

报告用来查看网平差过程中生成的信息和统计。平差后选择“报告”→“网平差报告”，显示平差报告。CGO 软件会自动把生成的报告存储到指定路径下，扩展名为 *.html，见图 2.3-22。

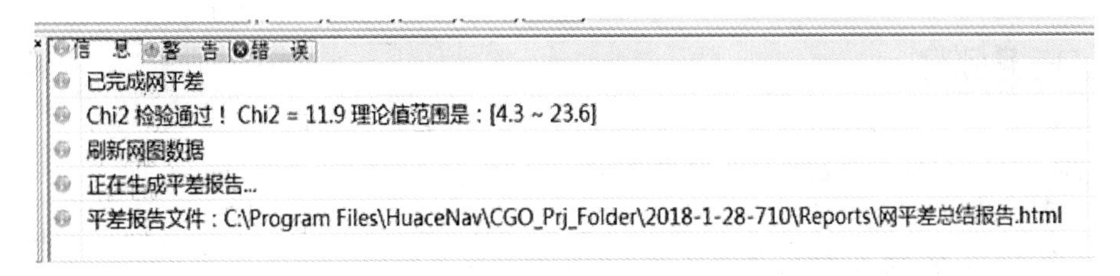

图 2.3-22　平差报告存储路径

2）报告种类

CGO 软件不仅提供整体网平差报告输出，还提供分项输出。

报告包括：基线处理报告、闭合环报告、控制网闭合环报告、网平差报告、点校正报告、重复基线报告。

3）网平差报告内容

（1）平差设置；

（2）平差统计；

（3）控制点；

（4）自由网平差；

（5）二维约束平差。

（七）成果输出

单击菜单栏“文件”→“导出”，显示导出对话框，包括基线解算结果、信息及项目总结报告。见图 2.3-23。

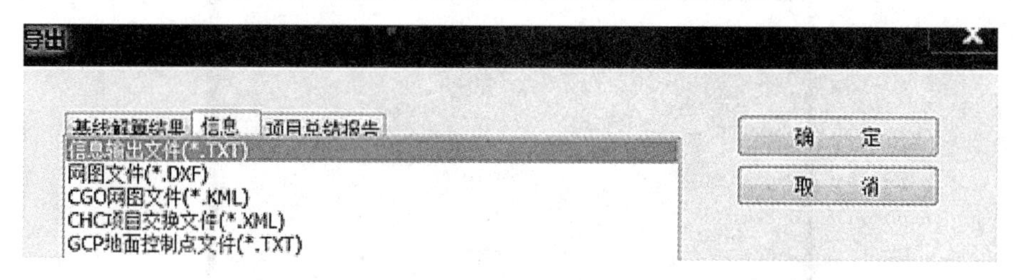

图 2.3-23　成果输出

基线解算结果包括：科萨基线交换文件（*.txt）、天宝基线数据交换文件（*.ASC）、华测基线数据交换文件（*.txt）。

信息包括：信息输出文件（*.TXT）、网图文件（*.DXF）、CGO 网图文件（*.KML）、CHC 项目交换文件（*.XML）、GCP 地面控制点文件（*.TXT）。

项目总结报告：项目总结报告文件 word（*.DOC）。

任务 2.4　绘制 GNSS 点之记

一、任务概况

本实训的任务是学会完成控制点点之记的绘制。

二、器材准备与人员组织

（一）器材准备

手持型 GPS 接收机（可用 RTK 代替）。

(二)实训场地

校园及周边。

(三)人员组织

按照 GPS 接收机的台数分若干组进行，建议每组 4~6 人。

三、任务实施

(1)概略位置由手持 GNSS 接收机测定，经纬度按手持 GNSS 接收机的显示填写，概略高程采用大地高标注至整米。

(2)所在地填写点位所处位置，在省(直辖市)至最小行政区的名称及点位具体位置，级别填写 GNSS 级别，所在图幅填写地形图图幅号，网区填测区地名。

(3)点位略图须在现场绘制，注明点位至主要特征地貌(地物)的方向和距离。绘图比例尺可根据实地情况，在易于找到点位的原则下适当变通。

(4)电信情况填写点位周边电信情况。

(5)地类根据实际情况按如下类别填写：荒地、耕地、园地、林地、草地、沙漠、戈壁、楼顶。

(6)土质按如下类别填写：埋石坑底黄土、沙土、沙砾土、盐碱土、黏土、基岩。

(7)最近水源填写最近水源位置及距点位的距离。

(8)交通情况填写自大(中)城市至本点的汽车运行路线，并注明交通工具到点情况。

(9)交通路线图可依比例尺绘制，也可绘制交通情况示意图。

(10)地质概要、构造背景和地形地质构造图，根据工程项目需要，由专业地质人员填写绘制。

(11)点位环视图按点位周围高度角大于 10°的遮挡地貌(地物)方向及高度角绘制遮挡范围，遮挡范围内填绘阴影线。

(12)标石断面图按埋设的实际尺寸填绘。

测绘点之记要确定点的位置，及该点与其周围一些明显的或重要地物的关系。使用手持 GNSS 接收机可以轻松完成这些内容。有些手持机还有照相功能，可以将点的信息以照片的形式直观地记录下来。

本实训要完成校园控制点点之记的绘制，完成表 2.4-1 的填写。

表 2.4-1　**GPS 点之记**

点名		级别		概略位置	
所在地				最近住所及距离	

续表

地类		土质		冻土深度		解冻深度	
最近电信设施				供电情况			
最近水源及距离				石子来源		沙子来源	
最近交通情况（道路、码头、车站名称及距离）				交通路线图			
选点情况				点位略图			
单位							
选点员		选点日期					
是否需联测坐标及高程							
联测等级及方位							
起始水准点及距离							
地质概要、构造背景				地形地质构造略图			
埋石情况				标石断面图		接收天线计划位置	
单位							
埋石员		日期					
利用旧点及情况							
保管人							
保管人单位及职务							
保管人住址							

任务 2.5　拟编写 GNSS 技术设计书

一、任务概况

以某地区的 GNSS 控制测量为例，编写 GNSS 技术设计书。编写过程中要注意技术设计书的内容，进行控制网布设方案设计。

二、器材准备与人员组织

(一)器材准备

(1)项目合同书。
(2)GNSS 相关规范。

(二)实训场地

机房。

(三)人员组织

建议每组 3 人。

三、编写要求

收集相关资料，整理后，编写技术设计书，主要编写内容有以下几点。

(一)任务来源及工作量

包括 GNSS 项目的来源、下达任务的项目、用途、意义和 GNSS 测量点的数量(包括新定点数、约束点数、水准点数、检查点数)。

(二)测区概况

测区隶属的行政管辖，测区范围的地理坐标、控制面积，测区的地理位置、气候、人文、经济发展状况、交通条件、通信条件等。

这些内容可为今后工程施测工作的开展提供必要的信息，如施测时的作业时间，交通工具的安排，电力和通信设备的使用情况。

(三)工程概况

工程的目的、作用、要求、GNSS 网等级(精度)、完成时间、有无特殊要求等测区内及与测区相关的现有测绘地区的现有测绘成果情况，如已知点(精度等级及所属坐标、高程系统)、可利用的测区地形图等；测区控制点的分布及对控制点的分析、利用的评价。

(四)技术依据

工程所依据的测量规范、工程规范、行业标准及相关的技术要求等。

(五)布网方案

GNSS 网点的图形及基本连接方法；GNSS 网结构特征的测算；根据现场踏勘的结果及所拥有的地形图、影像图等资料进行图上选点，绘制 GNSS 网形布设图。

(六)选点及埋标

根据规范和规程的要求明确 GNSS 点位选址的基本要求、点位标志的选用及埋设方法、点位的编号等。

(七)实测方案

根据规范和规程的要求确定测量采用的仪器设备的种类，确定外业观测时的具体操作规程、技术要求等，包括仪器参数的设置(如采样率、高度截止角等)、对中精度、整平精度、天线高的量测方法及精度要求等，制订观测高度计划，提出数据采集应注意的问题。

(八)数据处理方案

详细的数据处理方案包括基线解算和网平差处理所采用的软件和处理方法等内容。基线解算的数据处理方案应包括以下内容：基线解算软件、参与解算的观测值、解算时所使用的卫星星历类型、解算结果的质量控制指标和评定等。

网平差的数据处理方案应包含以下内容：网平差处理软件、网平差类型、网平差时的坐标系、基准及投影、起算数据的选取等。

(九)提交成果要求

规定提交成果的类型及形式。

项目 3　动态控制测量

任务 3.1　GNSS-RTK 控制测量

一、任务概况

熟悉华测 HCE300 电子手簿内的安卓系统；掌握测地通(LandStar7.2)软件使用方法；掌握利用电子手簿设置接收机；掌握利用电子手簿配置 DL6 电台。在该实训中需要完成如下任务：

(1)安装基准站及流动站；

(2)RTK 设置；

(3)建立坐标系统；

(4)点校正；

(5)RTK 控制测量。

二、器材准备与人员组织

(一)器材准备

(1)基准站仪器：华测 X10 基准站接收机、DL6 电台、蓄电池、加长杆、电台天线、棒状天线、电台数传线、电台电源线、三脚架、基座、加长杆铝盘。

(2)流动站仪器：华测流动站 GNSS 接收机、碳纤对中杆、棒状天线、手簿托架、HCE300 电子手簿。

(二)实训场地

校园内。

(三)人员组织

按照 GNSS 接收机台数分成若干组，建议每组 4~6 人。

三、任务实施

(一)架设基准站及移动站

(1)将脚架架设到已知点或未知点上，连接基座、加长杆、仪器及天线，开机。具体见项目1。

(2)将GNSS华测X10接收机连接到对中杆上，连接手簿托架，连接天线，将手簿安置到托架上，开机。

(二)配置手簿

1. 手簿与接收机连接

手簿与主机连接步骤：

(1)打开测地通软件，点击“配置”→“连接”，见图3.1-1。

图3.1-1　手簿与主机连接设置

(2)选择厂商：厂商可选择华测、通用。

(3)选择设备类型：设备类型包括GNSS-RTK、智能RTK、本地、外设。华测X10为智能RTK。

(4)选择连接方式：可选择的连接方式为串口、蓝牙、WiFi、演示模式。本实训采用WiFi或蓝牙连接。

WiFi连接：使用WiFi连接方式时，设备类型必须选择智能RTK，点击连接热点后面的列表，进入WLAN界面，点击“扫描”找到当前所要连接的接收机SN号，输入WiFi密码，点击“连接”，连接成功会有提示，待连接完成之后返回进入连接界面。

(5)选择天线类型：天线选择华测X10。

点击列表，打开天线类型列表框，选择相应的天线类型，点击“详情”查看某一天线类型的具体参数，也可自定义进行添加、编辑和删除某一天线。下次自动连接，选择“是”，下次打开软件自动连接当前连接的仪器。见图 3.1-2。

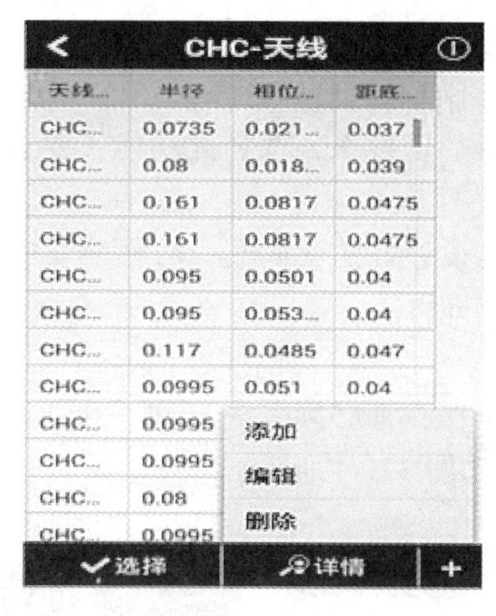

图 3.1-2　天线选择

(6)点击“连接”，连接成功或失败都有相关提示信息，并显示当前设备 S/N 号、连接类型。

手簿与主机断开：点击“断开”按钮，断开与当前接收机的连接。

2. 新建项目

1)工程管理

运行测地通软件，执行“项目”→“工程管理”→“新建”，输入工程名、作者，日期会默认为当前手簿时间，时区(UTC+08：00)为北京时间。见图 3.1-3。

图 3.1-3　工程管理

在新建工程或打开历史工程时，如果出现“是否将当前工程代码集覆盖设为系统初始代码集”提示时，点击“确定”即可(该提示是指要关闭的工程中代码是否重新替换默认的“模板”这个代码集)。

【套用工程】：使用和选择工程一样的坐标系参数(包括坐标系、投影、基准转换、平面校正、高程拟合)，此功能主要是为了避免同一个测区多次做点校正。

注意：套用工程后不用也不能再选择坐标系。

【坐标系】：如果是使用新的坐标系，选择此功能；要选择坐标系、输入中央子午线等参数，点击“接受”。

【代码集】：选用一个自己设置好的代码集，方便测量时直接选择代码。如果对代码没有要求，选择默认的“模板”即可。

2)新建

无论在何种作业模式下工作，都必须首先新建一个工程对数据进行管理，点击【新建】，弹出新建工程对话框，如图3.1-4所示。

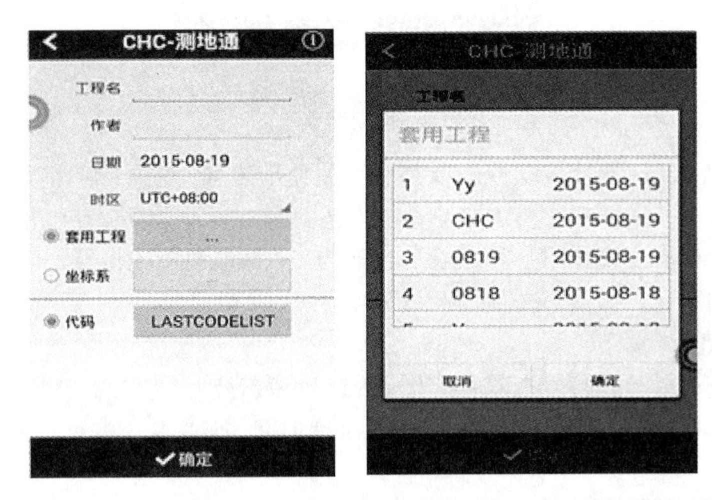

图3.1-4　新建任务

在“工程名”中输入工程名称；“作者”中输入操作员的姓名；“日期”默认是当地时间；“时区”是指当地时间和GPS时间相差的时区，可以在下拉列表中选择-12时区到+14时区。

(1)套用工程。

如果第一天有任务A，做过点校正，第二天新建任务时想继续使用这个校正参数，在工程管理中输入新建工程名称，选中“套用工程”，选择“A”即可完成新建任务并套用参数功能。

注：新建任务若不套用工程，默认无转换参数。套用工程，只套用工程参数，该参数是加密的，只有登录之后才可以查看。

(2)坐标系。

选中坐标系后，会弹出坐标系管理界面，如图3.1-5所示。

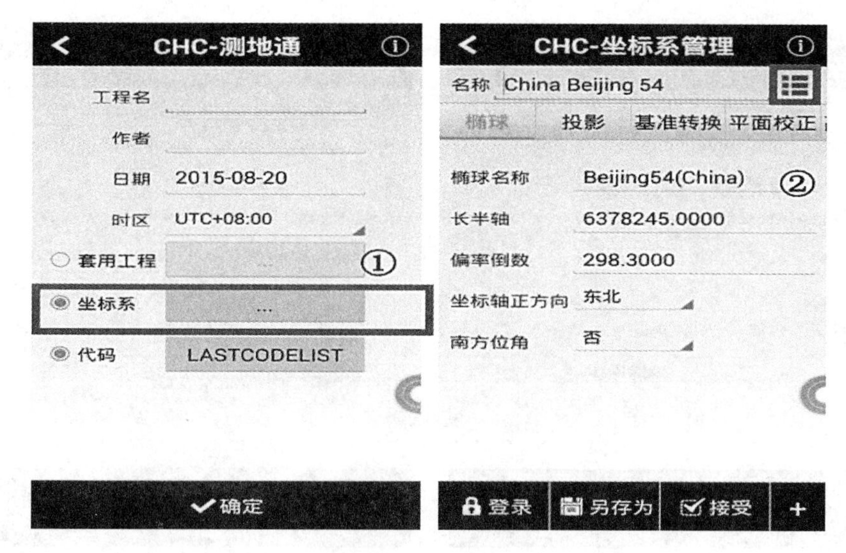

图 3.1-5　坐标系管理

【登录】：用户登录，点击“输入用户名”“密码”，用户名为 admin，初始密码为 123456；登录之后才可以查看基准转换或平面校正下的参数，软件默认是已登录。

【另存为】：点击“另存为”之后，会提示此坐标系参数将保存的路径。

【接受】：点击“接受”按钮之后，将返回新建工程界面，此时说明坐标系已选好。

【添加】：如果常用列表下没有可选的椭球，点此按钮进行添加。

【删除】：点此按钮，可删除常用列表下的某一坐标系。

3）完成工程的新建

完成坐标系和代码集的选择或新建之后，点击“确定”，即完成了工程的新建。

3. 设置基准站

1）基准站选项

在测地通初始界面点击“配置”→“工作模式”，出现工作模式界面，见图 3.1-6。选择含有启动基准站的默认项，点击“接受”，提示“接受此模式成功”，点击“确定”，提示“电台已被设置成 X 星道”，点击“确定”。华测 X10 GNSS 接收机默认状态为“自启动基准站-内置电台”。

工作模式列表中包含常用的工作模式，如果列表中有需要的工作模式，则不需要新建，否则需要新建工作模式。

新建：新建工作模式。

删除：删除常用模式列表下选项中的某一种工作模式。

上传：将工作模式上传至云服务器。

下载：登录云服务器下载工作模式。

批量操作：对常用列表下的工作模式进行批量操作。

预览：可查看选中工作模式的详细信息。

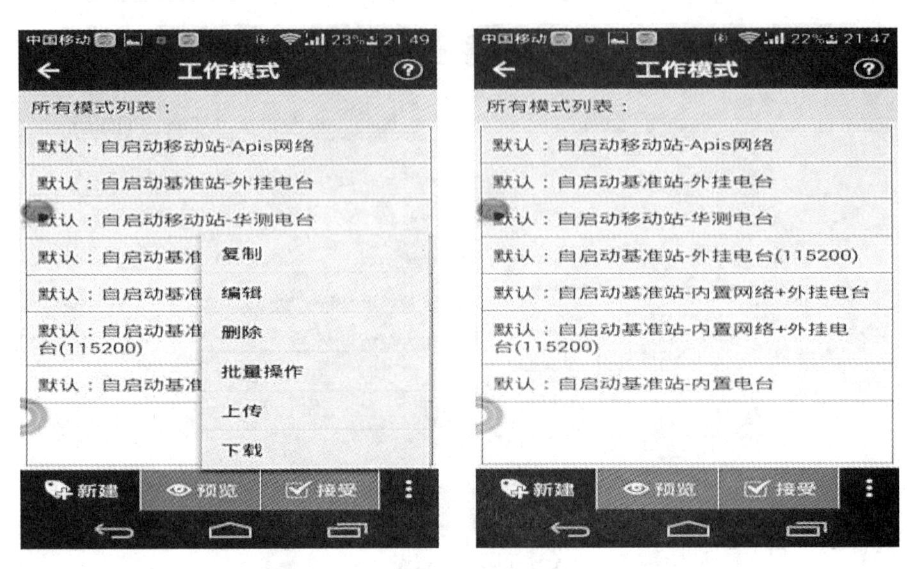

图 3.1-6 工作模式

2)启动基准站接收机

基准站的启动和基准站架设位置有关，基准站可以架设到已知点上，也可架设到未知点上。因此，基准站启动方式不同。

点击“新建”进入工作模式创建界面，设置好每个选项，点击“保存”即可。如图 3.1-7 所示。

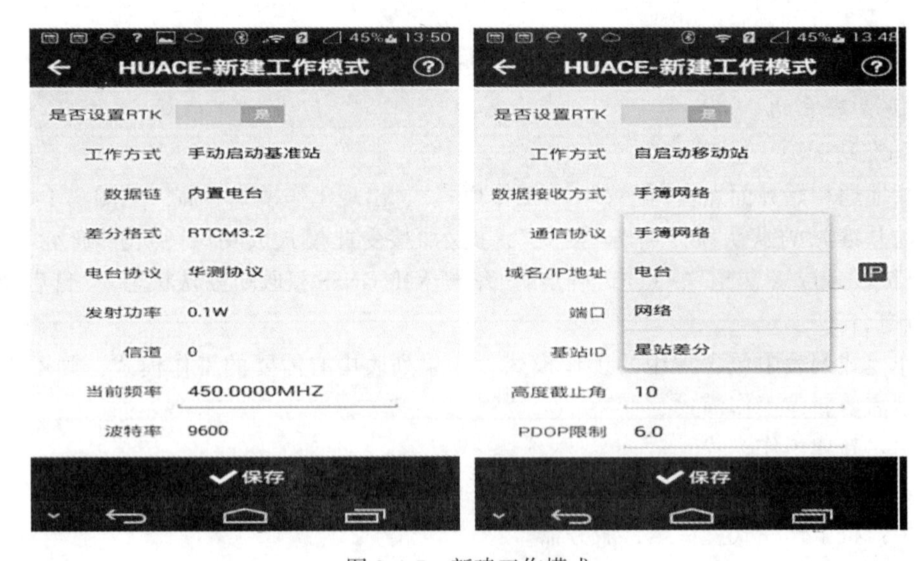

图 3.1-7 新建工作模式

是否设置 RTK：选择“是”，开启 RTK 模式，否则关闭。

工作方式：设置接收机当前的工作状态，可设置为：自启动移动站、自启动基准站、手动启动基准站。

数据链：设置接收机当前的工作方式，可选择电台、网络、手簿网络、星站差分；其中，星站差分模式需要专门的主机和固件，见图 3.1-7。

差分格式：包含 CMR/CMR+/RTCM2.X/RTCM3.X/RTCM3.2(三星)/SCMR(三星)、Auto，选择一种即可。

电台协议：华测协议；

发射功率：2W；

信道：0~9；

当前频率：450.0000MHz；

波特率：9600(华测智能 GNSS 接收机波特率选 9600)；

常用的几种工作模式的详细创建步骤：

(1)手动启动基准站(网络模式)，见图 3.1-8。

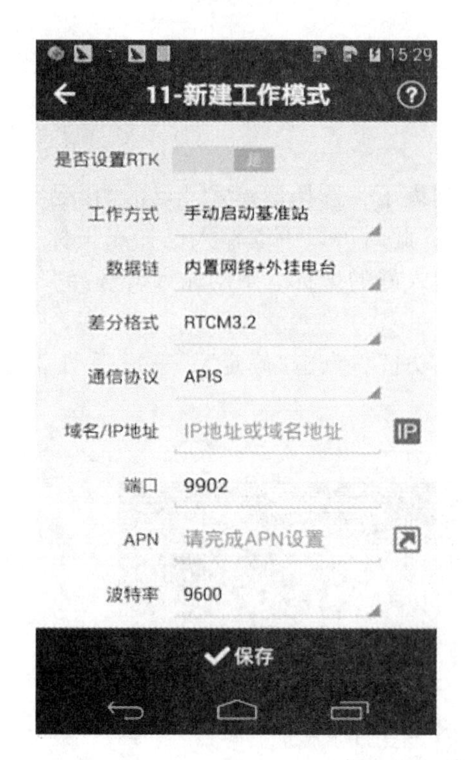

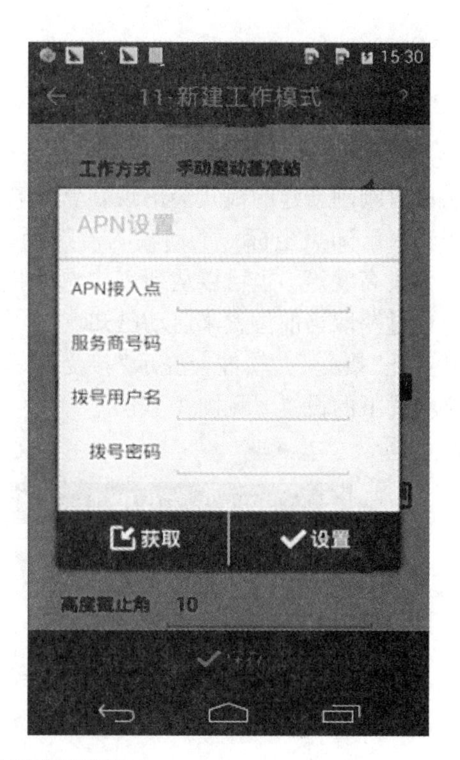

图 3.1-8　手动启动基准站

①工作方式：选择手动启动基准站。

②工作模式：选择基站内置网络+外挂电台。

③差分格式：选择一种即可。

④通信协议：选择 APIS。

⑤IP 地址、端口：选择华测常用的四个服务器，IP 及端口如下：

211 服务器 IP：211.144.120.97，端口：9901~9920；

210 服务器 IP：210.14.66.58，端口：9901~9920；

101 服务器 IP：101.251.112.206，端口：9901～9920。

⑥APN：点击▇，输入 APN 接入点和服务商号码，常用 APN 为 CMNET 或 3gnet，服务商号码为“＊99 辽宁省 1#”。

⑦波特率：包含 4800、9600、19200 等，使用华测仪器时波特率选择 9600。

⑧高度截止角：接收机锁定卫星区域边缘与水平线的夹角，一般设置值为 13 度，但可以根据卫星的分布状态和接收机的作业区域更改。

⑨点击“确定”，软件会弹出“请给该模式命名!”的提示，输入名称，如“手动启动基准站-网络模式”。命名完成后点击“确定”，软件会提示“模式创建成功”，见图 3.1-9。

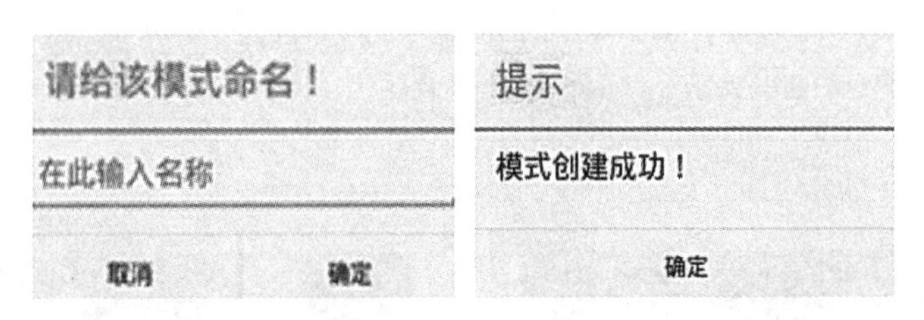

图 3.1-9　模式创建

⑩此时刚刚新建的模式会出现在常用模式列表下，选择该模式，点击“接受”，软件会弹出输入已知点坐标。手动输入若选择“是”，此时可以手动输入已知点坐标、点名、格式、天线高度等，也可以从列表中选取提前键入好的坐标。手动输入若选择“否”，此时只有通过获取当前位置来启动已知点。

⑪点选“接受”，软件会提示“接受此模式成功!”，点击“确定”，完成手动启动基准站网络模式下的设置。见图 3.1-10。

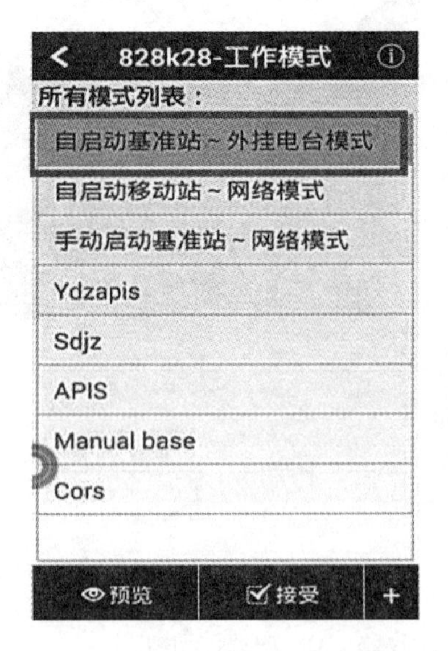

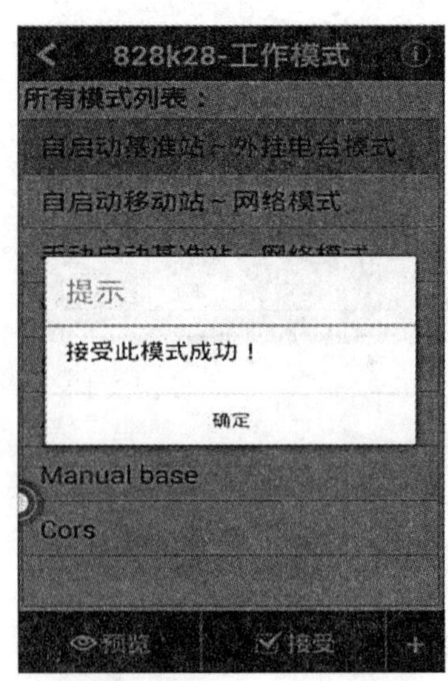

图 3.1-10　选择基站启动模式

(2)自启动基准站(外挂电台模式)，见图 3.1-11。

①工作方式：选择自启动基准站。

②数据链：选择外挂电台，或根据情况选择内置网络+外挂电台。

③差分格式：选择一种即可。

④波特率：使用华测仪器时波特率选择 9600。

⑤高度截止角：接收机锁定卫星区域边缘与水平线的夹角，一般设置值为 15 度，但可以根据卫星的分布状态和接收机的作业区域更改。

⑥点击“确定”，软件会弹出“请给该模式命名!”的提示，此时输入名称，如“自启动基准站-外挂电台模式”。命名完成之后点击“确定”，软件会提示“模式创建成功”，点击“确定”。

⑦此时刚刚新建的模式会出现在常用模式列表下，选择该模式，点击“接受”，软件会提示“是否接受此模式?”，点击“确定”，软件提示“接受此模式成功!”，点击“确定”，即完成自启动基准站-外挂电台模式下的设置。

(三)启动移动站

启动移动站模式有三种：自启动移动站(电台模式)、自启动移动站(网络模式)、自启动移动站(CORS 模式)。下面分别介绍前两种模式。

1. 自启动移动站(电台模式)

作业步骤如下(图 3.1-12)：

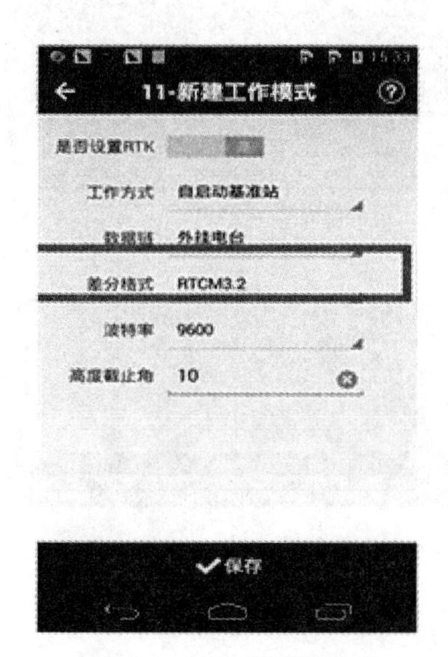

图 3.1-11　自启动基准站

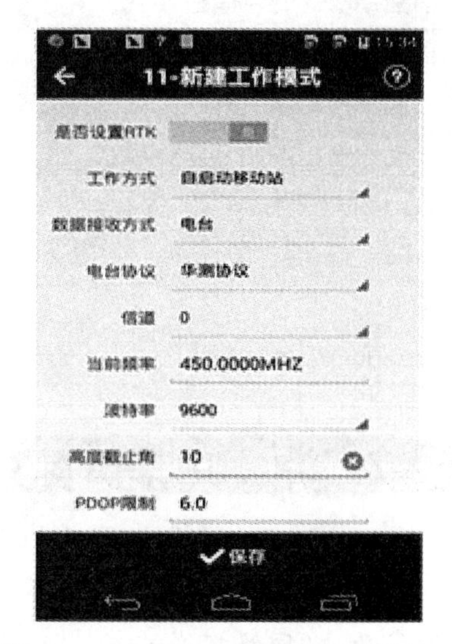

图 3.1-12　自启动移动站(电台模式)

(1)工作方式：选择自启动移动站。

(2)数据接收方式：选择电台。

(3)电台协议：可选择华测协议(使用华测电台时选择此协议)。

(4)信道：支持 0~99 信道，选择与相应基准站对应的通道数。

（5）当前频率：显示接收机电台目前发射的频率，此处需注意移动站的工作频率或信道与基站电台的发射频率或信道一致。

（6）高度截止角：接收机锁定卫星区域边缘与水平线的夹角，一般设置值为15度，但可以根据卫星的分布状态和接收机的作业区域更改。

（7）PDOP限值：（Position Dilution of Precision，位置精度因子），归因于卫星的几何分布，天空中卫星的分布程度越好，定位精度越高（数值越小精度越高），一般默认值为6。

（8）安全模式：包括正常模式和可靠模式。

（9）电离层模型：包括免打扰、正常和打扰。

（10）提示基站变化：选择“是”，基站有变化时，软件会有变化提示，选择“否”，则没有提示。

（11）点击“确定”，软件会弹出“请给该模式命名！”的提示，此时输入名称，如“自启动移动站-电台模式”。命名完成之后点击“确定”，软件会提示“模式创建成功”，点击“确定”。

（12）此时刚刚新建的模式会出现在常用模式列表下，选择该模式，点击“接受”，软件会提示“是否接受此模式?”，点击“确定”，软件提示“接受此模式成功!”，点击“确定”，即完成自启动移动站-电台模式的设置。见图3.1-13。

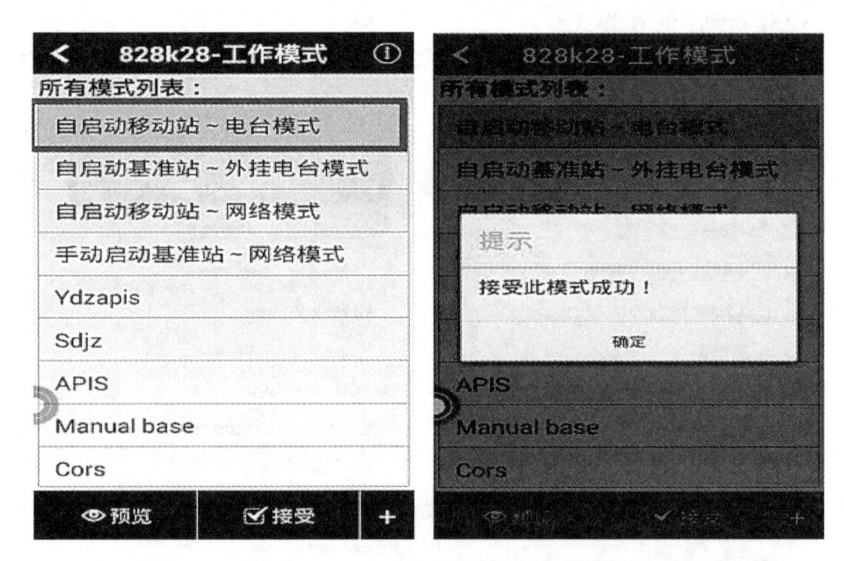

图3.1-13　自启动移动站-电台模式

2. 自启动移动站（网络模式）

网络模式操作步骤（图3.1-14）：

（1）工作方式：选择自启动移动站。

（2）数据接收方式：选择网络。

（3）通信协议：选择APIS。

（4）域名/IP地址、端口：输入华测常用服务器中的任意一个，如210.14.66.58：9902。

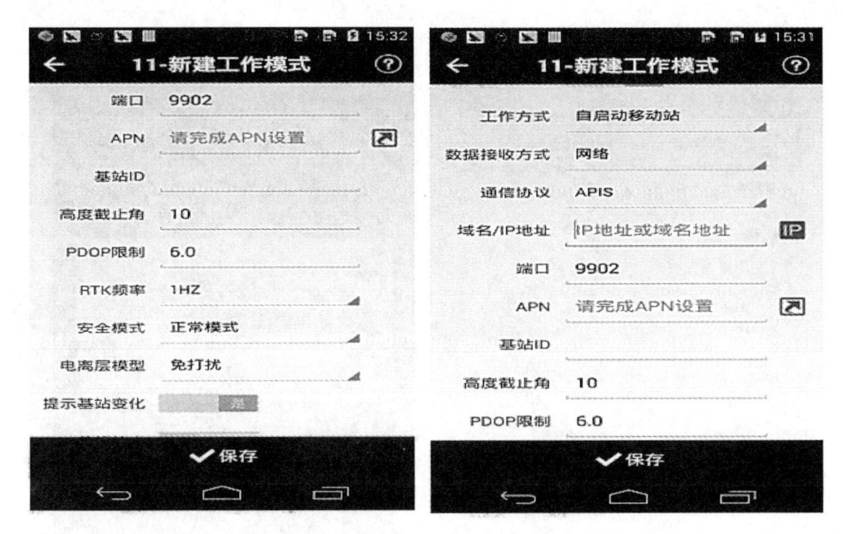

图 3.1-14 自启动移动站(网络模式)设置

(5)APN：输入 APN 接入点和服务商号码，常用 APN 为 CMNET 或 3gnet，服务商号码为“*99 辽宁省 1#”。

(6)基站 ID：输入移动站绑定的基准站 S/N 号。

(7)安全模式：包括正常模式和可靠模式。

(8)电离层模型：包括免打扰、正常和打扰。

(9)提示基站变化：选择“是”，基站有变化时，软件会有变化提示，选择“否”，则没有提示。

(10)点击“确定”，软件会弹出“请给该模式命名!”的提示，此时输入名称，如“自启动移动站-网络模式”。命名完成之后点击“确定”，软件提示“模式创建成功”，点击“确定”。

(11)此时刚刚新建的模式会出现在常用模式列表下，选择该模式，点击“接受”，软件提示“是否接受此模式?”，点击“确定”，软件提示“接受此模式成功!”，点击“确定”，即完成自启动移动站-网络模式的设置。见图 3.1-15。

(四)点校正

点校正的校正方法一般分为水平校正、垂直校正和水平+垂直校正三种。目的是求得两个坐标不同坐标系间的转换参数。只有一个控制点的校正为单点校正，只能求得三参数；两个已知点能求得四参数；三个及三个以上已知点能求得七参数。具体操作步骤如下：

(1)初始界面点击“测量”按钮，点击“点校正”，出现点校正对话框，见图 3.1-16。

(2)点击“添加”按钮，弹出“选择点对”对话框，见图 3.1-17。点击“☰”，依次输入(或调取)控制点对坐标；点击“确定”，弹出对话框；点击“计算”，提示计算成功；点击“应用”，提示弹出坐标系管理界面；点击“接受”，校正完成。见图 3.1-18。已知点及检验点坐标见表 3.1-1。

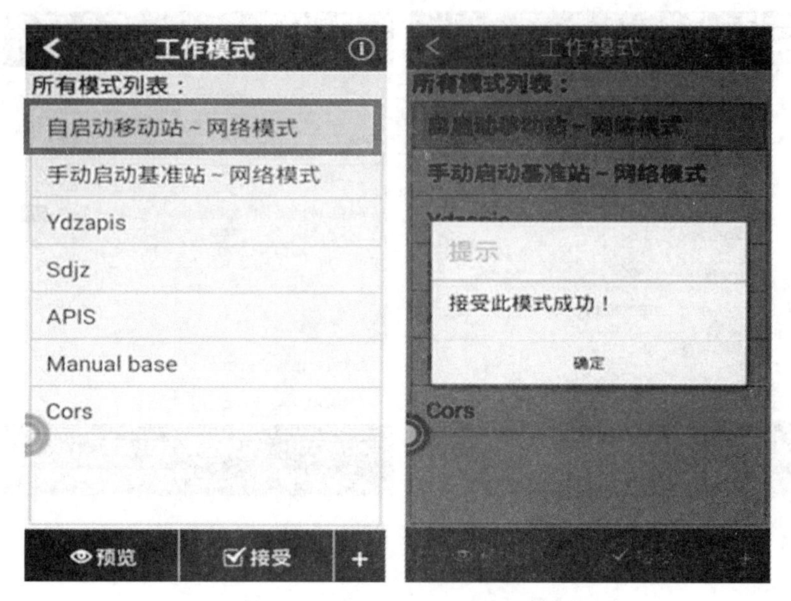

图3.1-15 自启动移动站-网络模式

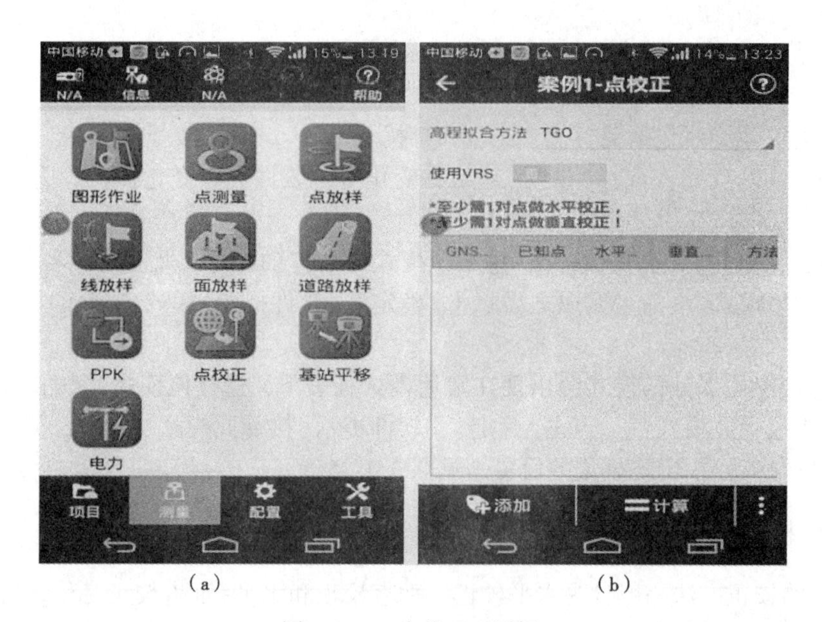

图3.1-16 点校正对话框

表3.1-1 已知点及检验点坐标

点名	X(m)	Y(m)	H(m)	备注
QG	4645098.391	542557.926	61.760	旗杆
BDZ	4644979.714	542560.283	62.210	变电站
SF	4645006.288	542388.832	61.941	水房
ST	4645137.152	542423.373	61.795	食堂

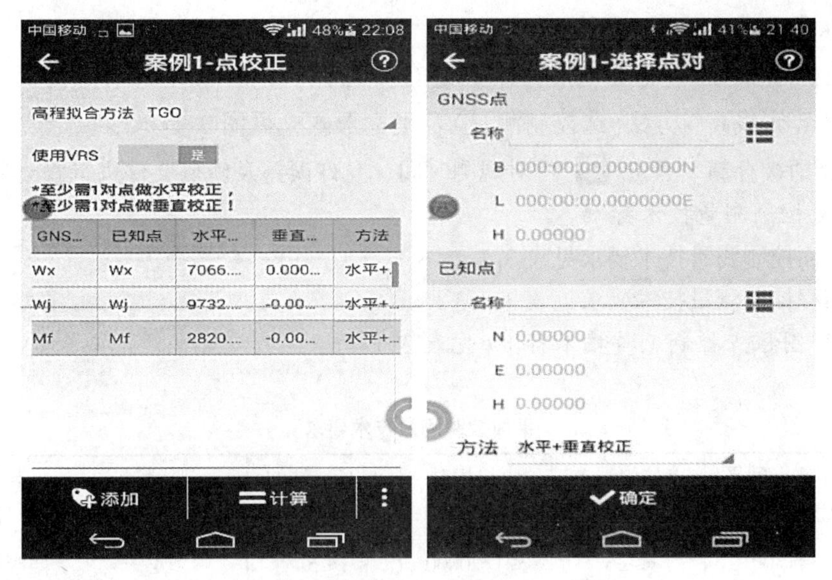

图 3.1-17　点校正

图 3.1-18　参数应用

(五) RTK 控制测量

RTK 差分解有几种类型，单点定位表示没有进行差分解；浮动解表示整周模糊度还没有固定；固定解表示固定了整周模糊度。固定解精度最高，通常只有固定解可用于测量。固定解又分为宽波固定和窄波固定，分别用蓝色和黑色表示。蓝色表示的宽波解的 RMS 通常为 4cm 左右，建议在距离较远，精度要求不高的情况下采用。黑色表示的窄带解的 RMS 通常为 1cm 左右，为精度最高解，但距离较远时，RTK 为得到窄带解通常需要较长的初始化时间，比如，超过 10km 时，可能会需要 5 分钟以上的时间。

1. RTK 点测量

当测地通界面显示“固定”后，就可以进行测量了。点击“测量”→“点测量”，输入点名称、代码、天线高、方法(选控制测量)及坐标形式，见图 3.1-16(a)。点击“ ”后，该点位信息即被存储。点击“ ”可对观测时间、允许误差及轨迹文件进行修改和设置。

2. RTK 控制测量技术标准

(1)平面控制测量技术要求见表 3.1-2。

(2)高程控制测量技术要求见表 3.1-3。

3. RTK 图根点控制测量技术标准(见表 3.1-4)

表 3.1-2　**平面控制测量技术要求**

等 级	相邻点间平均边长(m)	点位中误差(cm)	边长相对中误差	与基准站的距离(km)	观测次数	起算点等级
一级	≥500	≤±5	≤1/20000	≤5	≥4	四等及以上
二级	≥300	≤±5	≤1/10000	≤5	≥3	一级及以上
三级	≥200	≤±5	≤1/6000	≤5	≥2	二级及以上

注：①点位中误差指控制点相对于最近基准站的误差；

②采用基准站 RTK 测量一级控制点需至少更换一次基准站进行观测，每站观测次数不少于 2 次；

③采用网络 RTK 测量各级平面控制点可不受流动站到基准站距离的限制，但应在网络有效服务范围内；

④相邻点间距离不宜小于该等级平均边长的 1/2。

表 3.1-3　**高程控制测量技术要求**

大地高中误差(cm)	与基准站的距离(km)	观测次数	起算点等级
≤±3	≤5	≥3	四等及以上水准

注：①大地高中误差指控制点大地高相对于最近基准站的误差；

②网络 RTK 高程控制测量可不受流动站到基准站距离的限制，但应在网络有效服务范围内。

表 3.1-4　**RTK 图根点控制测量技术标准**

等 级	图上点位中误差(mm)	高程中误差	与基准站的距离(km)	观测次数	起算点等级
图根点	≤±0.1	1/10 等高距	≤7	≥2	平面三级以上、高程等外以上
碎部点	≤±0.3	符合相应比例尺成图要求	≤10	≥1	平面图根、高程图根以上

注：①点位中误差指控制点相对于最近基准站的误差；

②用网络 RTK 测量可不受流动站到基准站间距离的限制，但宜在网络覆盖的有效服务范围内。

用 RTK 技术施测的图根点平面成果应进行 100%的内业检查和不少于总点数 10%的外业检测，外业检测采用相应等级的全站仪测量边长和角度等方法进行，其检测点应均匀分布测区。

检测结果应满足表 3.1-5 的要求。

表 3.1-5　**图根点平面位置检核标准**

等级	边长校核		角度校核		坐标校核
	测距中误差（mm）	边长较差的相对误差	测角中误差（″）	角度较差限差（″）	平面坐标较差（mm）
图根	≤±20	≤1/3000	≤±20	60	≤±0.15

用 RTK 技术施测的图根点高程成果应进行 100%的内业检查和不少于总点数 10%的外业检测，外业检测采用相应等级的三角高程、几何水准测量等方法进行，其检测点应均匀分布测区。

检测结果应满足表 3.1-6 的要求。

表 3.1-6　**图根点高程检核标准**

等级	高差较差
图根	≤1/7 基本等高距

4. 控制点实施

利用点测量模式进行控制点测量，完成表 3.1-7 内容。

表 3.1-7　**控制点测量记录表**

基准站名称：

序号	点号	第一次坐标(m)		第二次坐标(m)		第三次坐标(m)		中数(m)	
		X_1	Y_1	X_2	Y_2	X_3	Y_3	X	Y
1									
2									
3									
4									
5									
6									
7									
8									

续表

序号	点号	第一次坐标(m)		第二次坐标(m)		第三次坐标(m)		中数(m)	
		X_1	Y_1	X_2	Y_2	X_3	Y_3	X	Y
9									
10									

观测者　　　　　　　记录者　　　　　　　校核者

任务3.2　常用坐标系统转换

一、任务概况

坐标表示方法大致有三种：经纬度和高程，空间直角坐标，平面坐标和高程。本实训任务主要有以下几个内容：

(1)同一个参考椭球下大地坐标(B，L，H)与平面坐标(x，y，h)之间的转换。

(2)WGS84坐标转换成1954北京坐标。

(3)WGS84坐标转换成1980西安坐标。

(4)1954北京坐标转换成1980西安坐标。

(5)WGS84坐标转换成地方坐标。

注意：不同坐标系统之间转换必须要有1个公共点以上，根据公共点数量及工程规模等因数，求解三参数、四参数及七参数，从而利用转换参数达到转换坐标的目的。

二、器材准备与人员组织

(一)资料准备

同一点不同坐标系下的坐标、坐标转换软件(本实训以南方GPS工具箱为例)。

(二)实训场地

机房。

(三)器材准备与人员组织。

两人一台计算机。

三、任务实施

(一)大地坐标正算与反算

相同坐标系下由大地坐标(B，L，H)转换成平面坐标(x，y，h)叫正算；由平面坐标

(x, y, h)转换成大地坐标(B, L, H)叫反算，如表 3.2-1 所示。

表 3.2-1　**案例数据**

点号	WGS84 坐标			1980 西安坐标		
	B	*L*	*H*	*x*	*y*	*h*
	X	*Y*	*H*	*B*	*L*	*H*
MFDL	41.463562180	123.542564264	201.192	4627224.94	575303.89	191.9
	4627217.100	575418.532	201.192	41.46358451	123.54206803	191.9
WJHS	41.414224176	123.512823622	228.170	4618131.44	571296.97	218.8
	4618123.498	571411.598	228.170	41.41424664	123.51232807	218.8
WXHS	41.502868096	123.565240684	241.603	4634452.13	578614.1	232
	4634444.265	578728.707	241.603	41.50289068	123.56474411	232
点号	WGS84 坐标			1954 北京坐标		
	B	*L*	*H*	*x*	*y*	*h*
	X	*Y*	*H*	*B*	*L*	*H*
D03	41.555866640	123.382123633	120.000	4644430.418	552945.750	101.449
	4644388.530	553016.554	120.000	41.55573821	123.38181118	101.449
D21	41.555575441	123.382639427	122.295	4644341.459	553065.251	103.744
	4644299.572	553136.056	122.295	41.55544702	123.38232696	103.744
D16	41.560026305	123.381675377	127.948	4644478.911	552842.113	109.397
	4644437.023	552912.917	127.948	41.55589787	123.38136294	109.397
D10	41.555775952	123.38203029	112.172	4644402.277	552924.454	93.621
	4644360.390	552995.258	112.172	41.55564753	123.38171784	93.621
备注	以上中央子午线经度为 123°，投影方式为 3°带高斯投影					

1. 坐标正算

(1)新建文件。

打开软件，点击“文件”→“新建”→输入文件名→点击“保存”，保存后便于下次使用转换时不用重新输入，直接打开即可(见图 3.2-1)。

(2)设置投影参数。

投影参数设置如图 3.2-2 所示。注意设置当地中央子午线，例如案例为 123°。

(3)依据数据所属坐标系选取相应坐标系。

转换前的坐标类型与转换后的坐标类型相同。例如，选取转换前坐标类型为“大地坐标 BLH”，格式“无格式”，源椭球系为“北京 54”；转换后坐标类型为“投影坐标 xyh”，目标椭球系为“北京 54”；选“单点转换”，分别输入转换前坐标（41.55573821，123.38181118），点击转换按钮 --> ，显示转换后坐标（4644430.418，552945.750）。以上为坐标正算，见图 3.2-3。

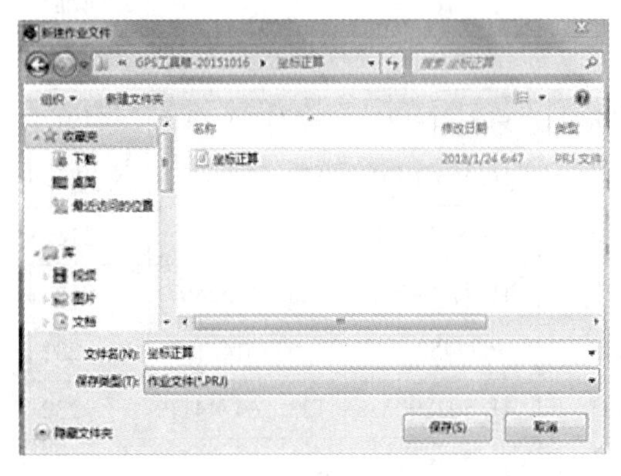

图 3.2-1　保存坐标文件

图 3.2-2　投影参数设置

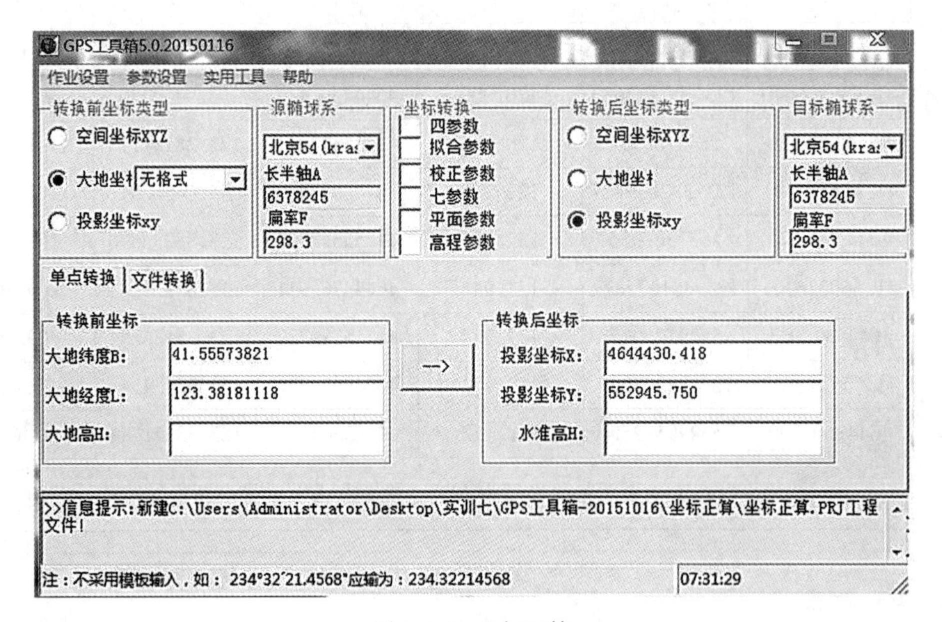

图 3.2-3　坐标正算

2. 坐标反算

坐标反算操作步骤同上。例如已知某点的北京 54 平面坐标为（4644430.418，552945.750），将其转换成北京 54 大地坐标（B，L），转换后结果为（41.55573821，123.38181118），见图 3.2-4。

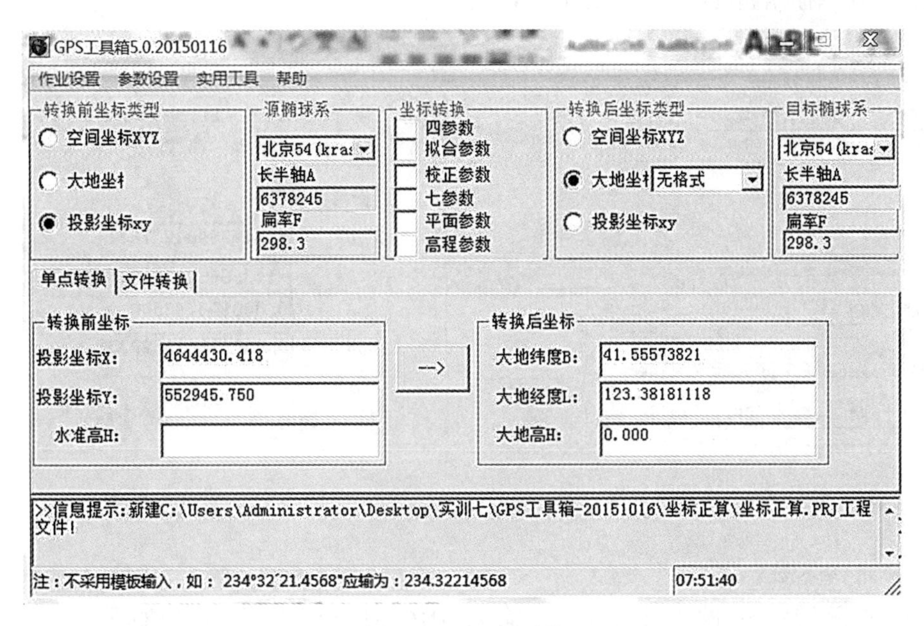

图 3.2-4　坐标反算

(二) WGS84 坐标转换成 1954 北京坐标(四参数转换)

1. 建立文件

新建坐标转换文件，点击“文件”→“新建”→输入文件名→点击“保存”，保存后便于下次使用转换时不用重新输入，直接打开即可。

2. 椭球系设置

投影参数源椭球系设置成“WGS84”，目标椭球系设置成“北京 54”，投影方式为高斯 3°带投影，投影参数中央子午线经度为 123°。见图 3.2-5。

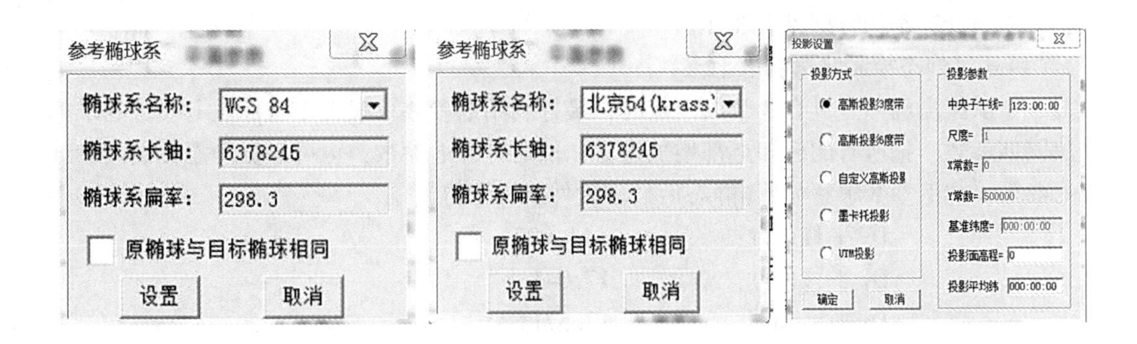

图 3.2-5　椭球设置及投影设置

3. 计算四参数

输入点 D03、D21 的平面投影坐标，点击“增加”→“保存”→“计算”，显示四参数计算结果，勾选“使用四参数”。见图3.2-6、图3.2-7。

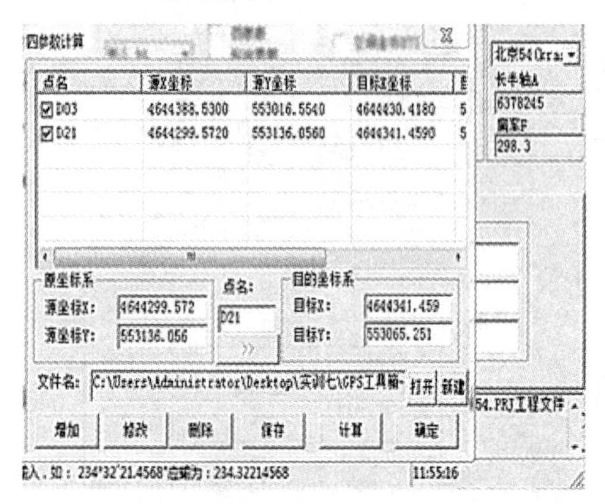

图3.2-6 计算四参数

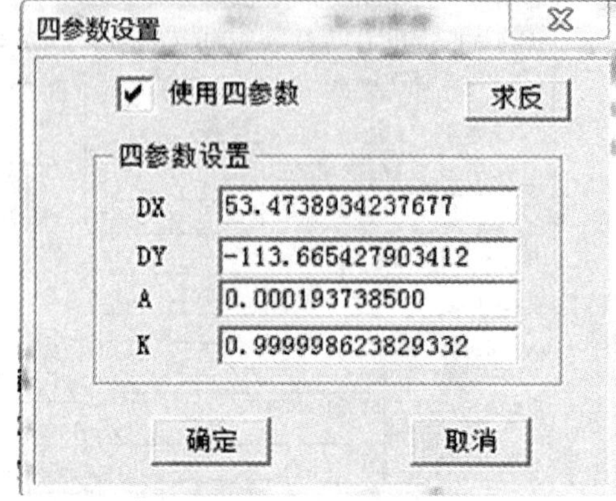

图3.2-7 四参数结果

4. 使用四参数

勾选坐标转换中的“四参数”，输入D16的WGS84平面坐标(4644437.023，552912.917)，点击转换按钮，完成WGS84坐标到1954北京坐标的转换，转换结果为(4644478.912，552842.115)。

(三)WGS84坐标转换成1980西安坐标(七参数转换)

1. 建立文件

新建坐标转换文件，点击“文件”→“新建”→输入文件名→点击“保存”。

2. 椭球系设置

投影参数源椭球系设置成“WGS84”，目标椭球系设置成“北京54”，投影方式为高斯3°带投影，投影参数中央子午线经度为123°。

3. 计算七参数

七参数计算案例数据见表3.2-2。

(1)通过静态控制测量获取七参数。

一个测区当已知点具有3个以上点时，最好利用七参数求解工作坐标。七参数的求解方法同四参数，把所有的已知点都增加进去，然后计算七参数；也可根据静态控制测量计算七参数。本例参数求解如下(静态后处理软件解算求得)：

Dx平移(m)：	-11.007
Dy平移(m)：	17.041
Dz平移(m)：	17.571
Rx旋转(s)：	0.951406
Ry旋转(s)：	-1.831929
Rz旋转(s)：	3.125978
SF尺度(ppm)：	-5.218641

表 3.2-2　　　　　　　　　　　**案例数据**

	WGS84 坐标			西安 80 坐标		
点名	*B*	*L*	*H*	*X*	*Y*	*H*
QJ06	41.510214958	123.551959223	105.699	4635461.382	576461.6215	96.3316
				41.51023726	123.55146251	96.3316
QJ07	41.510747885	123.541047804	92.618	4635608.868	574865.5596	83.2499
				41.51077011	123.54055110	83.2499
QJ08	41.503417886	123.495563578	82.862	4634522.084	568996.928	73.494
				41.50343987	123.49506700	73.494
QJ09	41.493976967	123.532838327	114.155	4632892.623	573922.6083	104.7875
				41.49399919	123.53234179	104.7875
QJ10	41.491712787	123.550309731	107.530	4632217.057	576115.7183	98.1621
说明	中央子午线经度为 123°，投影方式为 3°带高斯投影					

(2)通过 3 个以上公共点计算求得。

点击“实用工具”→“七参数计算”，选取原坐标系“WGS84”及目标坐标系“国家 80”，输入点名、源坐标及相对应的目标坐标，点击“增加”，见图 3.2-8。点击“计算”，显示结果见图 3.2-9。

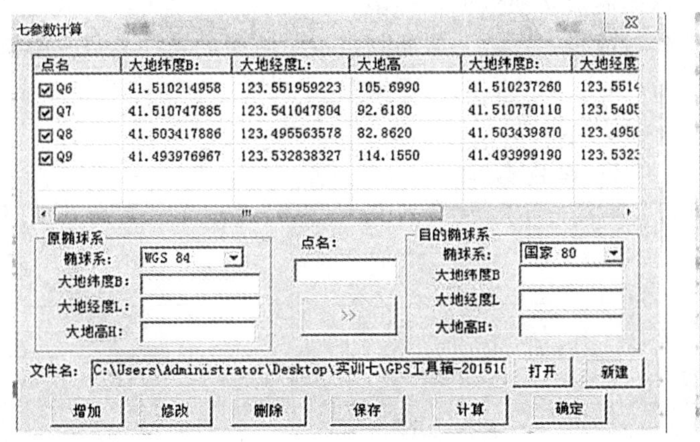

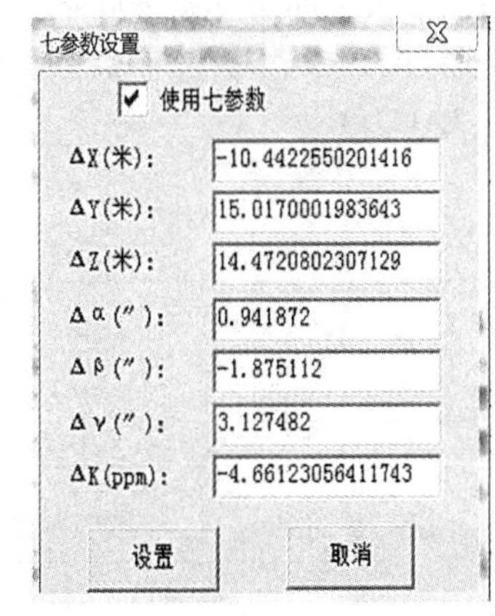

图 3.2-8　七参数计算　　　　　　　　图 3.2-9　七参数

两种方法稍有些差异，但计算结果仍然能满足区域作业精度要求。

4. 七参数使用

勾选“七参数”输入带转换 WGS84 坐标，完成 WGS84 坐标向国家西安 80 坐标转换，见图 3.2-10。

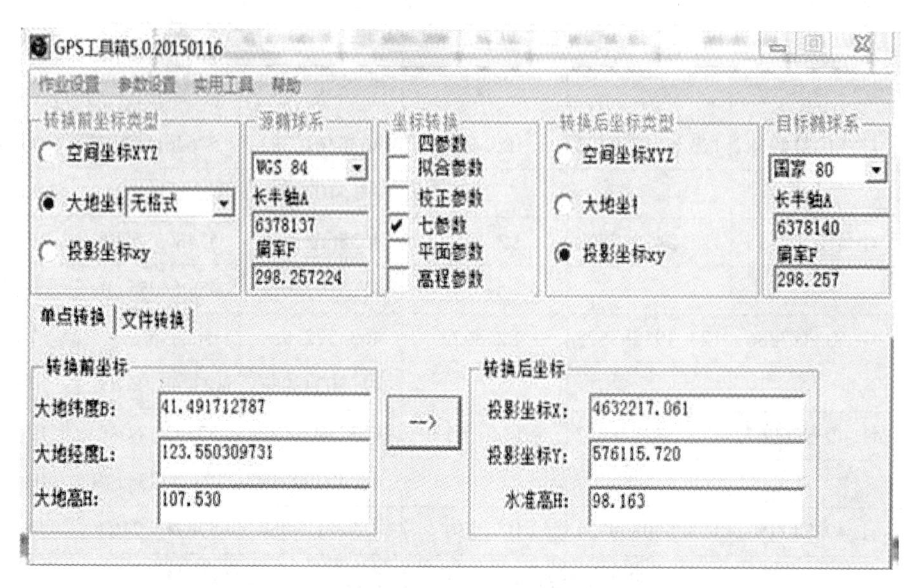

图 3.2-10　七参数使用

(四)1954 北京坐标转换成 1980 西安坐标

1954 北京坐标系与 1980 西安坐标系参考椭球参数不同，因此数据转换仍然需要具有 1 套以上的公共点，也就是说每个点上都具有 1954 北京坐标和 1980 西安坐标；实际工作中两套系统平面坐标容易收集。依据需要转换数据量的多少，可以采用单个转换或批量转换。通过公共点解算三参数、四参数或者七参数，从而确定整个测区的转换参数。案例数据见表 3.2-3。

表 3.2-3　　**案 例 数 据**

点号	1954 北京坐标		h(m)
	x(m)	y(m)	
L1	4759722.878	545995.348	87.838
L2	4738833.299	548084.552	79.920
L3	4720743.982	555249.671	72.047
L4	4732495.431	544728.272	77.977
L5	4687609.795	569345.207	60.293
说明	中央子午线经度 123°，高斯 3°带投影		
点号	1980 西安坐标		h(m)
	x(m)	y(m)	
L1	4759688.047	545946.360	87.838

续表

点号	1980 西安坐标		h(m)
	x(m)	y(m)	
L2	4738798.444	548035.572	79.920
L3	4720709.106	555200.704	72.047
L4	4732460.567	544679.289	77.977
L5	4687574.881	569296.265	60.293
说明	中央子午线经度 123°，高斯 3°带投影		

1. 确定转换参数

用 L1、L2 确定转换参数。打开软件“新建作业”，完成“源椭球”“目标椭球”“投影设置”等参数设置并使用四参数。

2. 确定转换格式

在主界面中选择“文件转换”，选择“文件格式”，这里选“点号，X，Y，H，其他”格式，也可自定义格式。自定义格式建立过程如下：

(1)新建格式。点击“文件转换”→“创建格式”，显示出“数据格式编辑器”，见图 3.2-11。

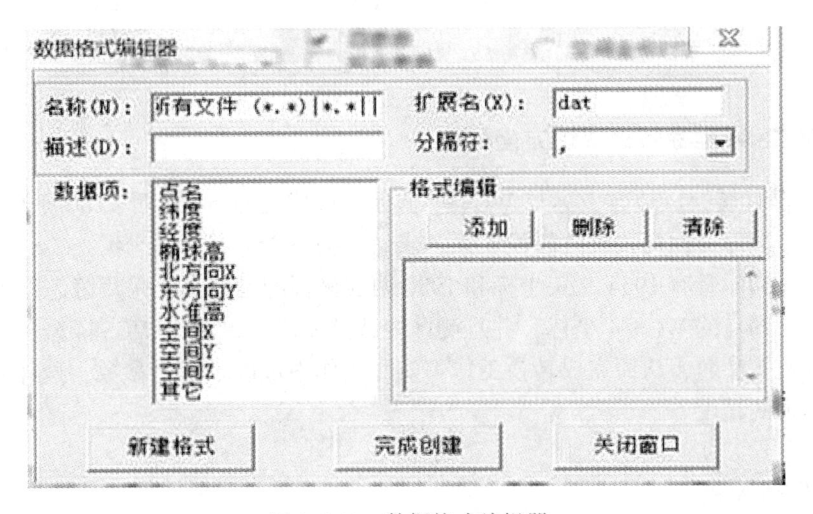

图 3.2-11　数据格式编辑器

(2)建立数据格式。在数据格式编辑器中依次输入名称、扩展名、描述、分隔符及添加数据项，点击“完成创建”，见图 3.2-12。本例数据格式为“点名，X，Y，水准高”，名称为案例 1。

(3)选择转换文件并完成转换。分别选择转换前坐标文件和转换后坐标文件，点击“转换”按钮，转换后结果为 *.dat 文件。本例见图 3.2-13、图 3.2-14。

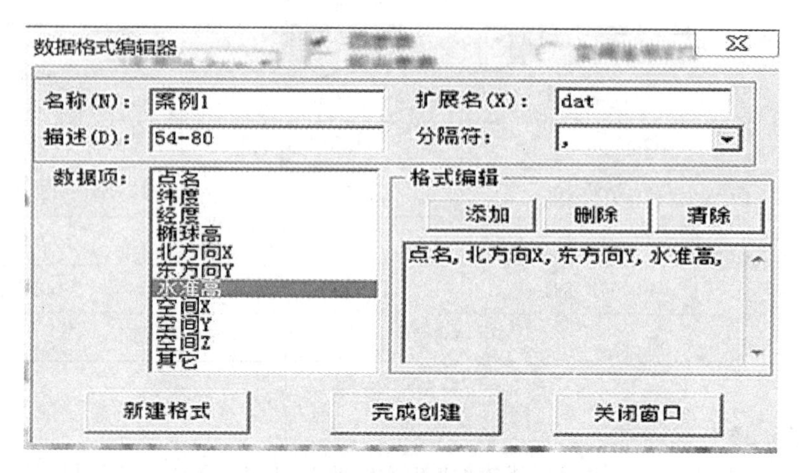

图 3. 2-12　数据格式创建

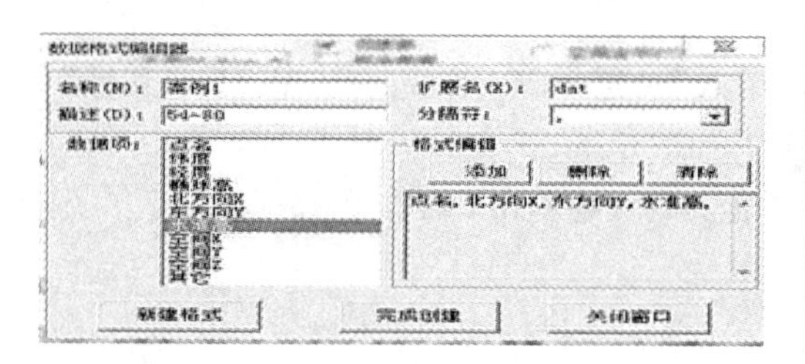

图 3. 2-13　转换文件选择

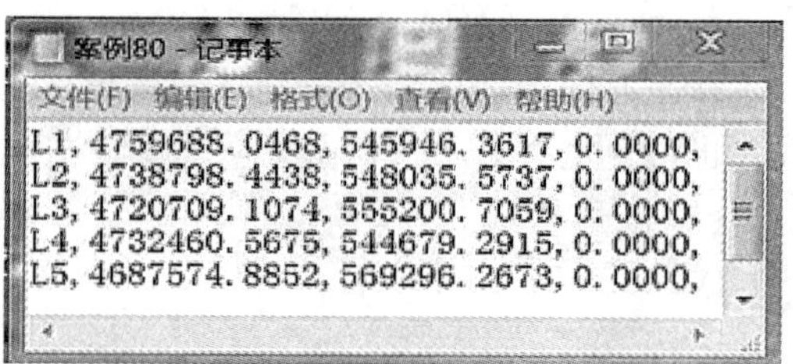

图 3. 2-14　转换结果

（五）WGS84 坐标转换成地方坐标

WGS84 坐标转换成地方坐标与 WGS84 坐标转换成北京 54 及西安 80 坐标是一样的。由于不在一个椭球，因此要确立转换关系，求解转换参数。

利用多个同时具有 1954 北京坐标和 1980 西安坐标的已知点，采用静态模式或动态模式采集多个已知点的 WGS84 坐标，并且测区内选点要均匀。利用 WGS84 坐标及地方坐标计算四参数及七参数，从而完成转换工作。实际工作中最好求解七参数，这样才能更好地保证换算成果的精度。

四、案例计算

完成表 3. 2-3 中 1954 北京坐标转换成 1980 西安坐标四参数及七参数计算。

项目4　数字测图

任务　RTK数字测图

一、任务概况

掌握利用RTK进行采集碎部点，了解利用RTK进行测量点时，点的属性如何记录，在该实训中须完成如下任务：

(1)新建任务；

(2)图根控制点测量与连续地形测量；

(3)导出碎部点数据。

二、器材准备与人员组织

(一)器材准备

(1)基准站仪器：华测X10基准站接收机、DL6电台、蓄电池、加长杆、电台天线、电台数传线、电台电源线、三脚架、基座、加长杆铝盘。

(2)流动站仪器：华测GNSS流动站接收机、棒状天线、碳纤对中杆、手簿托架、HCE300手簿。

(二)实训场地

校园实训场。

(三)人员组织

按照GNSS接收机的台数分若干组进行，建议每组4~6人。

三、任务实施

(一)新建任务

架设基准站和流动站仪器，打开手簿的测地通软件。新建任务，启动基准站和流动站，进行点校正。当进入“固定”状况，可以进入碎部测量阶段。

(二)地形点设置

点击“测量”→“点测量”，点击“⚙”依次对点进行设置，如图4.1-1所示。

图4.1-1 测量点设置

测量选项：

(1)测量方法：选择地形点。其他项有控制点、快速点、连续点、偏心点、墙角点。

(2)观测时间：此点需要观测多长时间，地形点默认为5s，也可以根据需要做适当的改动。

(3)测量点精度：水平精度、垂直精度、偏移限差、倾斜限差，根据规定及规范要求输入。

(4)名称步进：指每测一个点后下一个点的点号自动增加的间隔。

(5)自动存储点：指测量此点已经到所设定的时间，那么此点就会被自动保存。

显示选项：

(1)显示名称、代码、高程及地物标签样式，只能选一项。

(2)显示点类型包括地形点、控制点、快速点、偏心点、放样成果、待放样点、线放样成果、面放样成果、道路点、导入点、基站点等。

(3)显示图层：默认图层。

气泡选项：包括灵敏度、响应速度等。

(三)地形点测量

1. 点测量中基本概念

垂高：测量到仪器外壳底部，使用对中杆时选择，高度为对中杆高度。

斜高：测量到仪器静态测量刻度处，一般是架设在脚架上时使用。

连续点：按照固定时间或固定距离自动采集点。

偏心点：估测无法到达点的坐标，需要输入目标点与当前位置的方位角(可测量当前点、目标点方向上任意一点，通过计算功能获得)、平距、垂距(目标点比当前位置高输入正值，比当前位置低输入负值)。

补偿点：当对中杆倾斜时，测量成果自动补偿到对中状态。结果为对中杆底部所在位置(RTK 主机具有倾斜测量功能时使用，使用前需校正罗盘与电子气泡)。

墙角点：仪器固定状态下，保持对中杆底部对中墙角点，尽量大幅度来回缓慢摇晃对中杆，当达到所设置位置因子的要求时就会完成墙角点的自动测量(位置因子建议设置 1；RTK 主机具有自动测量功能时使用，使用前需校正电子气泡)。

2. 图根控制点测量

当测区对空通视条件不好时，要进行图根控制点测量，以便于传统测量仪器进行碎部测量。

点击“测量”→“点测量”，输入点名、代码、天线高，方法为“控制点”，见图 4. 1-2(a)。观测时间默认为 180s，也可以点击“ ”按钮，根据需要进行设置，见图 4. 1-2(b)。

(a)　　　　(b)

图 4. 1-2　图根控制点测量

3. 地形碎部点测量

地形碎部点测量与图根控制点测量方法一样。输入点名、代码、天线高、选择方法、坐标显示形式等。为了保证测图速度及质量，在时间设置上要比控制点测量少。一般作业时 3~5 秒即可，见图 4. 1-3。点击测量按钮“ ”，手簿自动保存。“ ”按钮为绿色时是固定解状态，显示黄色时为浮点解状态，显示红色时为单点解状态。测量图标只有在固定解状态下才能测量。

(四)连续地形测量

点击“测量”→“点测量”，输入点名、代码、天线高，方法选择连续测量。当仪器达

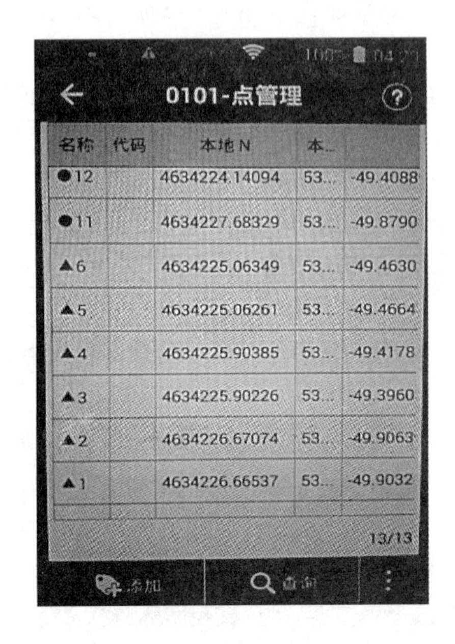

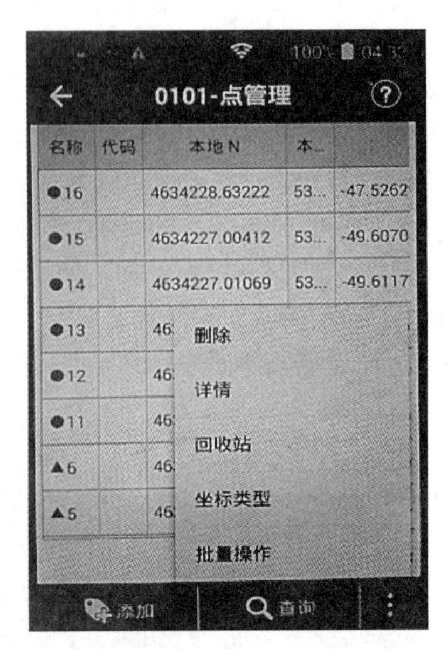

图 4.1-3　地形点测量设置

到固定解状态时，点击测量按钮“ ”，显示连续测量参数，分为按时间、按距离，输入值表示 GNSS 接收机在运动的过程中根据每个用户所设定的时间或距离，按“确认”，手簿随即记录一个点，如图 4.1-4 所示。下一个点观测不需要人工参与，当达到设定的时间或距离时，手簿会自动记录测量点。

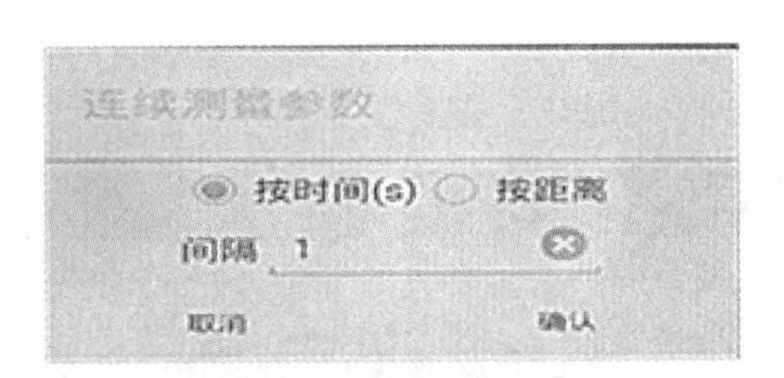

图 4.1-4　连续测量参数

(五) 查看已测点位信息

在点测量状态下，点击“ ”→“点管理”。

点管理用来统一管理各种类型的坐标点，点管理中可查看输入点和测量点以及待放样点的坐标。

点管理包含了添加、查询、删除、详情、回收站、坐标类型、批量操作等内容。下面一一介绍各项功能。

1. 添加

点击“添加”来创建点。创建点时包括如下属性：名称、代码、坐标系统(包括：本地 NEH，本地 BLH，本地 XYZ，WGS BLH，WGS XYZ 坐标)、角色(包括：一般点、放样点、控制点)，输入要创建的点坐标，其中代码项为非必填项。见图 4. 1-5。

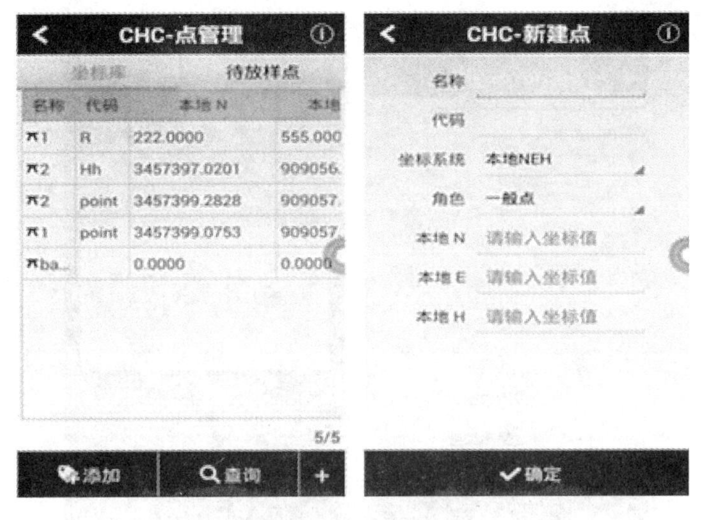

图 4. 1-5　添加点

2. 查询

点击“查询”，查询条件可以通过点的名称、代码、数据来源、时间等任意一个条件来查询。见图 4. 1-6。

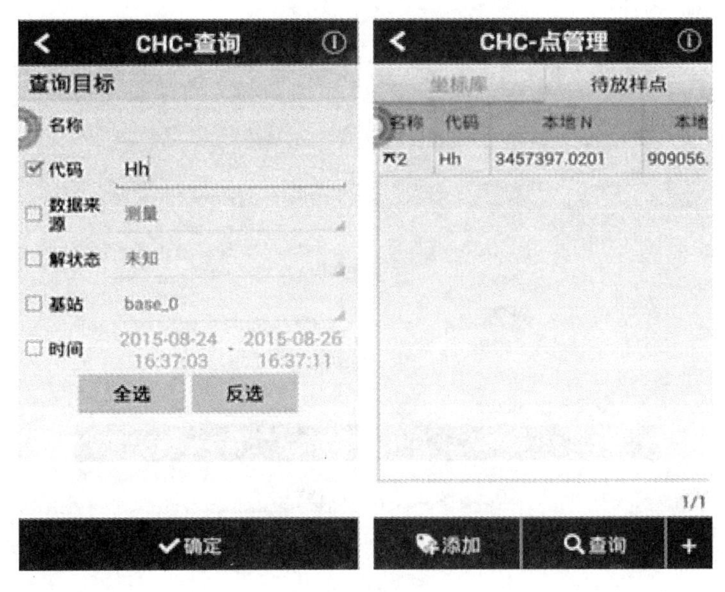

图 4. 1-6　查询点

3. 删除

点击“+”，选择“删除”。

选中要删除的点，点击图标“删除”，会弹出一个对话框“是否删除所选数据?”选择“是”，删除该条记录；选择“否”，不删除该条记录。没有选中点时，点击“删除”图标按钮时，会弹出一个提示“请先选择数据”。见图 4. 1-7。

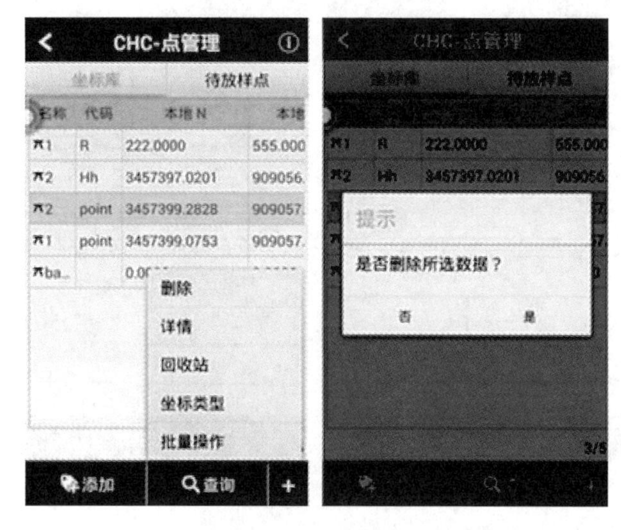

图 4. 1-7 删除点

4. 详情

选中点，点击“详情”可以查看选中点的详细信息(或双击该点也可以查询详细信息)，除灰色区域表示的属性值外，其余属性值都是可编辑的。见图 4. 1-8。

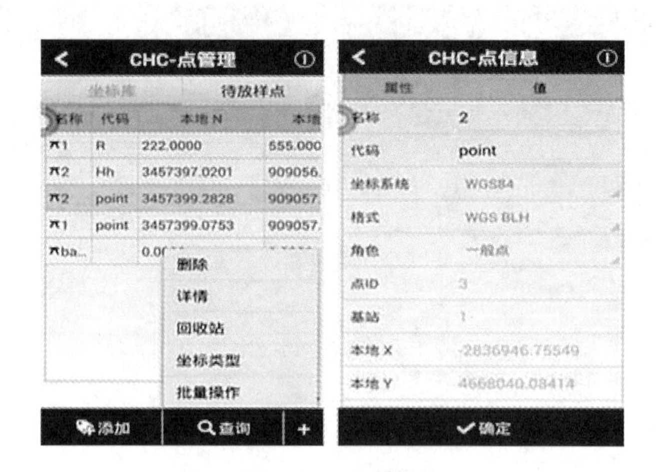

图 4. 1-8 点详情

5. 回收站

回收站是用来存放已删除点的记录，无删除点时，会提示“未发现记录”，有删除点时，能查看点的细节，查询、恢复功能等。

6. 坐标类型

可设置点管理器中点的坐标类型，包括：WGS BLH、WGS XYZ、本地 BLH、本地 XYZ、本地 NEH。见图 4.1-9。

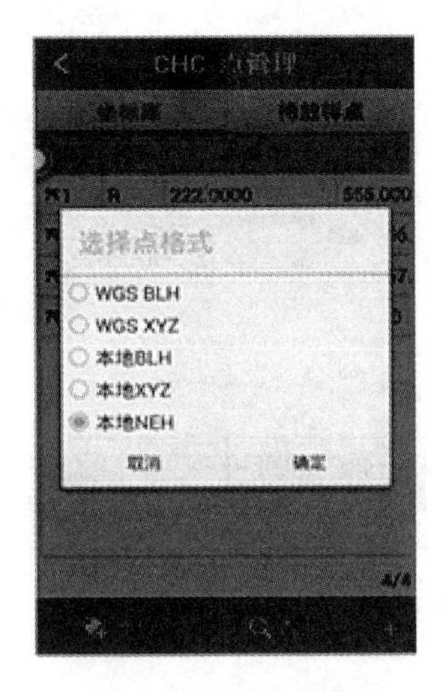

图 4.1-9　坐标类型

7. 批量操作

点击“批量操作”，可以对点管理中的点批量删除，可多选，也可单选。见图 4.1-10。

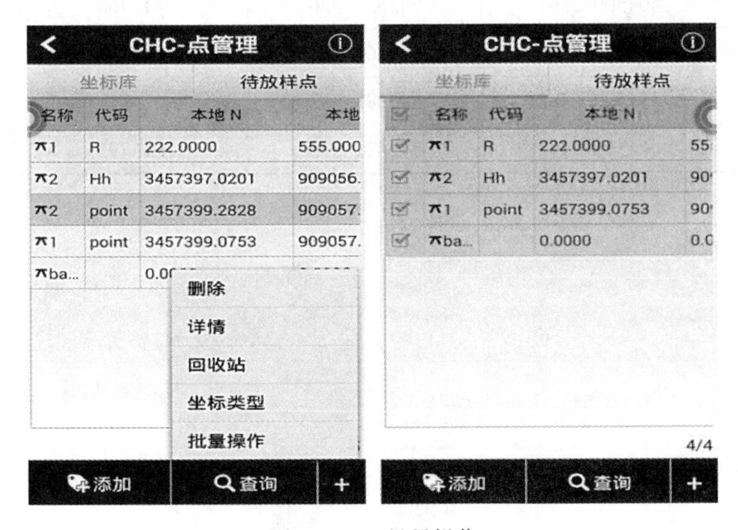

图 4.1-10　批量操作

导出点的作用为把点坐标导出为需要的格式，坐标类型支持平面和经纬度两种。点击主界面“导出”，选择“测量点”，选择“平面”或“经纬度”，选择转换“文件类型”，点击主界面"导出"，软件会把需要导出的点导出到手簿内存中的某一路径下，可通过同步软件将文件复制到电脑上。见图 4. 1-11。

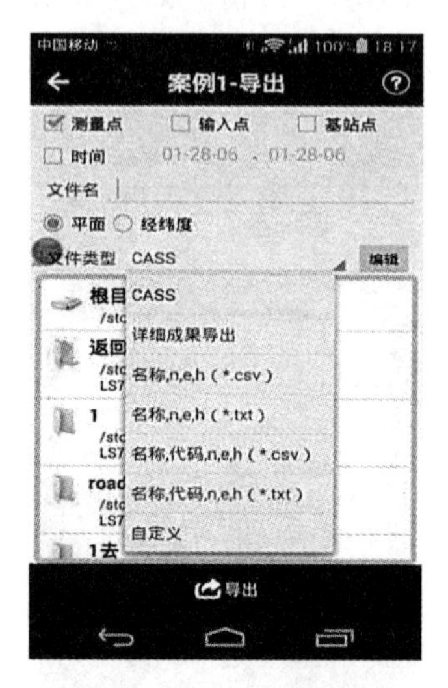

图 4. 1-11 数据导出

点校正时需要的已知点及检核点坐标见表 4. 1-1。

表 4. 1-1 已知点及检核点坐标

点名	X	Y	H	备注
QG	4645098. 391	542557. 926	61. 760	旗杆
BDZ	4644979. 714	542560. 283	62. 210	变电站
SF	4645006. 288	542388. 832	61. 941	水房
ST	4645137. 152	542423. 373	61. 795	食堂

项目5　工 程 放 样

任务5.1　GNSS-RTK点放样

一、任务概况

掌握利用RTK进行工程施工放样的过程；了解点放样方法和作业流程，在该实训中须完成如下任务：

(1)新建任务；

(2)已知数据输入；

(3)点放样。

二、器材准备与人员组织

(一)器材准备

(1)基准站仪器：华测X10基准站接收机、DL6电台、蓄电池、加长杆、电台天线、电台数传线、电台电源线、三脚架、基座、加长杆铝盘。

(2)流动站仪器：华测GNSS流动站接收机、棒状天线、碳纤对中杆、手簿托架、HCE300手簿。

(二)实训地点

校园实训场。

(三)人员组织

按照GNSS接收机的台数分若干组进行，建议每组4~6人。

三、任务实施

(一)新建任务

架设基准站和流动站仪器，打开手簿的测绘通软件。新建任务，启动基准站和流动站，进行点校正。当进入“固定”状况，可以进入碎部测量阶段。

(二)已知数据输入

实际作业中为了提高作业速度，减少重复输入数据工作量，避免现场条件影响下输错数据等问题，一般事先将放样点数据输入或导入“点管理”库中，便于现场放样。输入数据方法一般有两种，一是手动添加，二是批量导入，介绍如下：

1. 手动添加

点击“项目”→“点管理”→“坐标库”，点击添加按钮“添加”，显示界面如图 5. 1-1 所示。输入点名称、代码、点的 X 坐标(本地 N)、Y 坐标(本地 E)、高程(本地 H)、坐标系统等，点击“确定”；依次输入所有放样点到点管理库中，见图 5. 1-2。

图 5. 1-1　新建点　　　　图 5. 1-2　坐标库

2. 批量导入放样点

导入至“点管理”有以下三种方法：

方法一：在电脑、手簿及智能手机中编辑数据文件，将文件复制到某路径下。例如文件格式为“点号，X，Y，H” * . txt 文件，见下图 5. 1-3。在初始界面项目栏点击“导入”项，显示界面，见图 5. 1-4。点击按钮“导入”，这时提示导入信息“一共 8 个点，导入成功 8 个点”。导入的数据直接存放到“点管理”坐标库中。

方法二：点击“点管理”→“待放样点库”，点击屏幕右下角“⋮”按钮，弹出界面见图 5. 1-5。点击“导入”，弹出文件选择界面，选择“放样数据 . txt”文件，点击“导入”按钮，这时已经将所有点导入“待放样点”库中，见图 5. 1-6。

放样数据.txt - 记事本
文件(F) 编辑(E) 格式(O) 查看(V) 帮助(H)
0008,4544125.381,562078.441,272.348
0009,4543643.251,561720.158,254.524
0001,4542637.413,564682.445,291.615
0002,4542519.330,564921.697,335.152
0003,4542244.489,564676.447,267.215
0004,4542273.819,564435.624,265.049
0005,4542482.180,564418.720,263.528
0007,4542649.956,564898.027,312.637

图 5.1-3　数据文件

图 5.1-4　导入数据

图 5.1-5　待放样点导入前

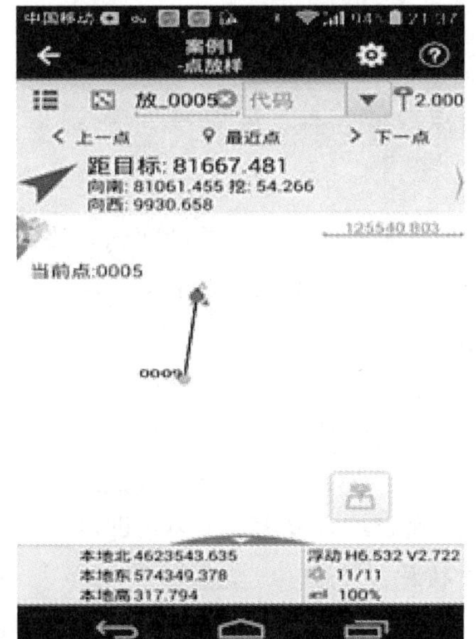

图 5.1-6　待放样点导入后

方法三：在测量选项中点击“点放样”，如图 5.1-7 所示。点击屏幕左上角“ ”，点击“待放样点”，点击屏幕右下角“ ”按钮，弹出界面见图 5.1-8。点击“导入”(如果数据量少，可手动输入)，选择“待放样数据”文件，点击“导入”按钮，这时已将待放样点导入完毕，见图 5.1-9。实际工作中这种方法比较方便。

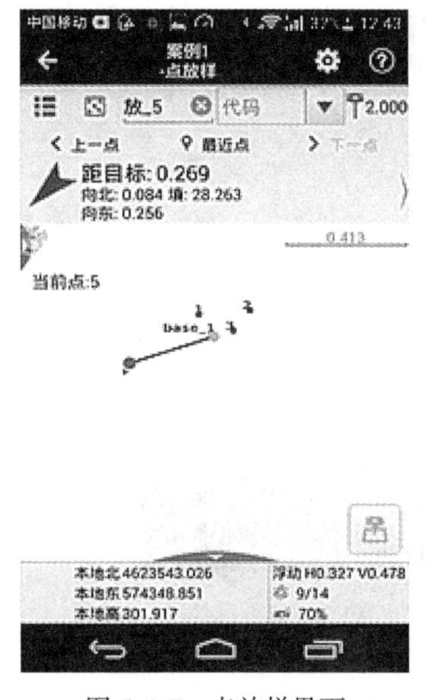

图 5. 1-7　点放样界面

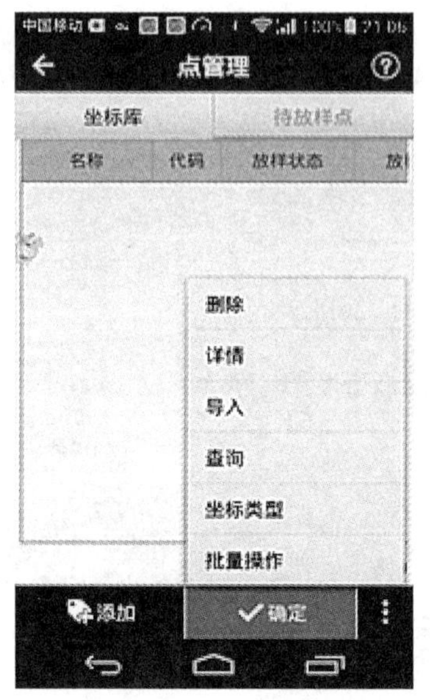

图 5. 1-8　待放样点库

图 5. 1-9　导入待放样点

(三)点放样

1. 点选择

上述当导入放样点时，软件回到点放样界面。可以点击“上一点”或“下一点”选择需要的放样点，也可点击屏幕左上角“☰”，弹出“点管理”，然后选择待放样点(例如 0005 点)，点击“确定”即可完成点放样选择。

2. 放样点

选择放样点之后，依据屏幕提示距目标距离、向南距离、向西距离、填挖高度及箭头方向逐渐向放样点靠近，当接近点距离在提示范围内时，软件自动放大圆圈，直到找到点并且能够达到规范对放样点位要求即可。

3. 检核放样点

当放样点放完之后，要对点的精度进行检核。点击测量按钮“ ”，得出放样点与测量点坐标及高程差值。如果差值在要求范围之内，继续下一点放样，如果差值太大，软件自动提示“放样偏差太大”，选择“放弃”重新放样，直到满足精度要求为止。

(四)放样中常见问题

放样中常见问题如下：

(1)放样是否满足精度：放样精度限制在放样选项(右上小齿轮图标)中设置，当放样至水平和垂直限差内，可正常测量；不满足放样精度测量时，提示“放样偏差太大”，即测量时不提示放样偏差太大，表明当前放样点已经满足精度需求。另外点放样完成后，在待放样库中可以看到放样过的点是否满足限差。

(2)目标点本应就在附近，但是距离提示非常远：①点校正或重设当地坐标出错了；

②目标点的 X、Y 坐标输入反了；③坐标输入错误。

(3)如果在点放样的过程中暂停放样或还没开始放样，导航指示若停留在“向前、向右”时会发现跳动幅度很大，这是因为调动了手簿罗盘，离点越远跳动越大，离点越近跳动越小，虽然点的跳动幅度比较大但不影响测量，若切换到“向南、向西”跳动就没那么大了。

(4)放样成果如何导出：项目→其他导出→放样点成果导出。

(五)坐标放样实操

坐标放样实操如表 5.1-1、表 5.1-2 所示。

表 5.1-1　**已知点及检核点坐标**

点名	X(m)	Y(m)	H(m)	备注
QG	4645098.391	542557.926	61.760	旗杆
BDZ	4644979.714	542560.283	62.210	备电站
SF	4645006.288	542388.832	61.941	水房
ST	4645137.152	542423.373	61.795	食堂

表 5.1-2　**待放样点坐标**

点名坐标	纵坐标 X(m)	横坐标 Y(m)
1	4645122.081	542516.204
2	4645121.267	542528.556
3	4645108.279	542526.450
4	4645111.365	542410.930
5	4645101.462	542508.612
6	4645098.504	542527.103
7	4645100.123	542531.105
8	4645111.111	542545.122
9	4645126.222	542566.133
10	4645139.456	542578.256

任务 5.2　GNSS-RTK 道路放样

一、任务概况

掌握利用 RTK 进行工程施工放样的过程，了解直线放样、道路放样的方法，在该实训中须完成如下任务：

(1)基准站、流动站架设；

(2)点校正；

(3)已知数据录入；

(4)直线放样；

(5)道路放样。

二、器材准备与人员组织

(一)器材准备

(1)基准站仪器：华测 X10 智能型 GNSS 接收机、DL6 电台、蓄电池、加长杆、电台天线、电台数传线、电台电源线、三脚架 2 个、基座 1 个、加长杆铝盘。

(2)流动站仪器：华测 X10 GNSS 流动站 1 台、棒状天线 1 根、碳纤对中杆 1 根、手簿托架 1 个、HCE300 手簿 1 个。

(二)实训场地

校园内运动场。

(三)人员组织

按照 GNSS 接收机数量分若干组，建议每组 4~6 人。

三、任务实施

(一)基准站、移动站架设

基准站、移动站架设见项目 1。

(二)点校正

点校正见项目 3。

(三)键入道路数据

道路在设计中，中线主要以直线和曲线形式组合而成。设计部门一般都会给出线路中桩的设计坐标或者道路直线段起、终点桩号及坐标值，线路交点坐标及里程，线路曲线段的要素(圆曲线、缓和曲线)等，根据给定数据形式，采取不同的放样方法。

1. 数据录入方法

数据录入的方法有两种：元素法和交点法。

点击“道路放样”，进入道路放样界面，如图 5. 2-1 所示。点击屏幕左上角“☰”，点击“新建”，输入道路名为“道路放样”，点击“✔创建道路”，出现界面见图 5. 2-2。

图 5.2-1 道路放样界面

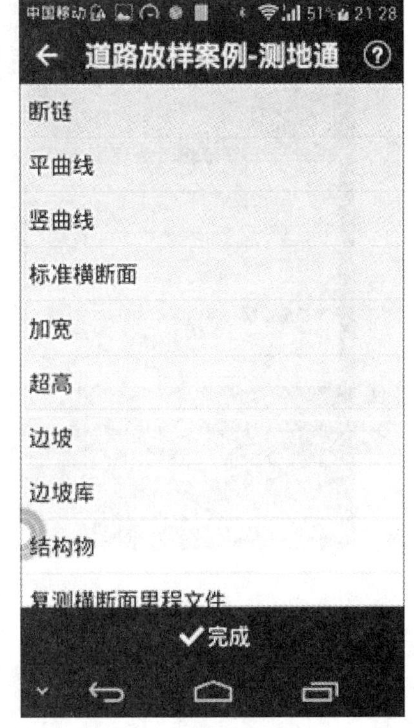

图 5.2-2 创建道路

1)断链

断链是指因局部改线或分段测量等原因造成的桩号不相连接的现象，桩号重叠的称长链，桩号间断的称短链。

断链在设计文件中一般标 K1+600.000=K1+678.300(短链)、K1+200.000=K1+148.200(长链)。数据输入时，直接输入断链的开始和结束桩号，软件会自动判断断链的类型及长度。

编辑方法：选择【断链】→【新建断链】，输入断链前里程和断链后里程，点击右下角“确认”，如图 5.2-3 所示，软件会自动计算出短链或长链的长度，完成断链的新建，点击“保存”，其他曲线要素按直曲表元素正常输入。

2)平曲线

平曲线的编辑方法有两种：元素法和交点法。

(1)元素法。

点击“追加”，在元素法编辑界面选择元素类型，输入曲线要素。根据选择的元素类型不同，可输入的数据要素也不相同。各类型曲线的北、东、起始方位角及长度均可输入。曲线的北、东坐标为曲线的起始坐标，首条曲线还需要输入起始里程、方位角。见图 5.2-4。

直线：可输入方位角和长度。

出/入缓和曲线：可输入起始半径、终止半径、长度。当起始半径、终止半径留空或

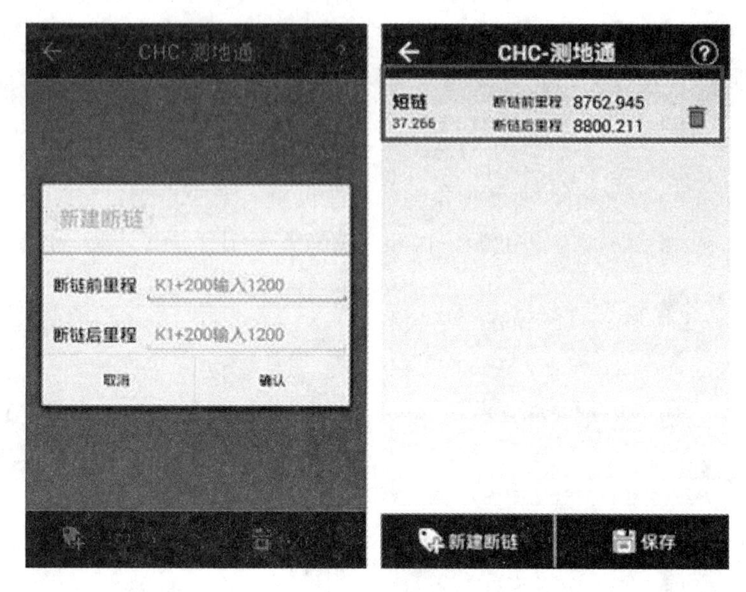

图 5. 2-3　断链

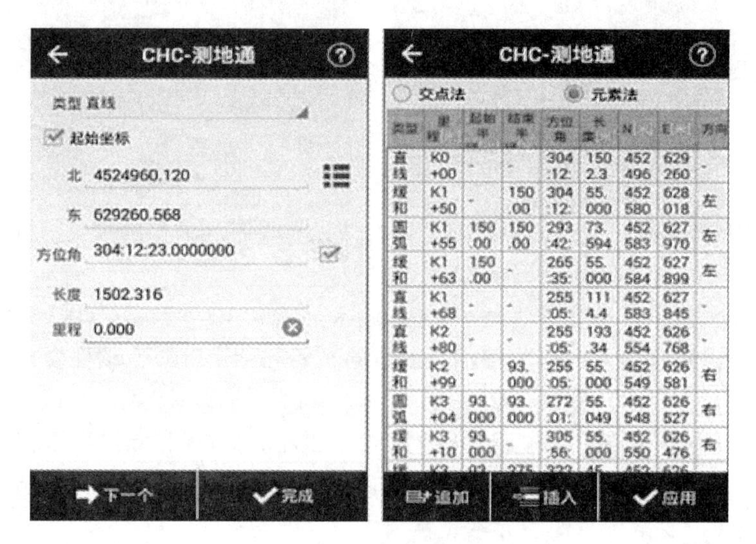

图 5. 2-4　元素法数据

为 0 时对应的半径为无穷大。

圆曲线：可输入半径和长度，选择是左偏还是右偏。

依此类推，点击“下一个”，将所有曲线要素输入完成之后，点击“完成”，将该曲线添加到曲线列表中。点击“应用”，使输入的参数生效，程序进行整条道路曲线的计算。

【追加】：输入要编辑的道路数据。

【插入】：选择数据记录，在选择的数据前输入要编辑的道路数据。

【编辑】：更改选中的数据记录。

【删除】：删除选中的数据记录。

注：首条曲线必须输入曲线的“起点坐标”和“起始方位角”，接下来的曲线“起点坐标”和“起始方位角”的输入默认不选中。若用户需要输入曲线的起点坐标和起点方位角，请勾选对应项前面的复选框，然后输入数据即可。勾选复选框，会使得该当前数据为后续曲线计算的起算数据。

(2)交点法。

点击“追加”，在交点编辑界面输入起点坐标(也可在列中添加)和桩号，点击“完成”，点击“下一个”，输入对应的曲线组合类型及要素。在类型下拉列表中选择曲线测量的组合类型(圆弧、缓 | 缓、缓 | 圆 | 缓、点)。根据所选的曲线组合类型，分别填入所需的数据(半径、圆曲线长、入缓和曲线长、出缓和曲线长)。

点：输入坐标、里程；

圆弧：输入坐标、半径；

缓 | 圆 | 缓：输入 JD 点坐标、圆曲线半径、直缓(ZH)至缓圆(HY)线长、缓圆至缓直曲线长。

2. 数据录入实操

设圆曲线半径 $R=1000$m，线路右转角 $\alpha_{右}=10°18'20''$，缓和曲线长 $l_0=80$m，已知起点 ZH 坐标为 $X_{ZH}=2456.238$m，$Y_{ZH}=4598.566$m，里程为 K3+400；HZ 点坐标为 $X_{ZH}=2694.148$m，$Y_{ZH}=4701.804$m；交点 JD 坐标为 $X_{JD}=2579.848$m，$Y_{JD}=4639.458$m，中桩放样间距为 20m，试利用华测 X10 GNSS 接收机完成测段中线放样。

操作步骤：

(1)点击“道路放样”→点击屏幕左上角“”→点击“道路管理”→选择已经建好或新建文件名“道路放样”→点击“编辑”→选择平曲线，见图 5.2-5。选择交点法，点击屏幕左下角“追加”按钮，显示待输入数据界面，见图 5.2-6。

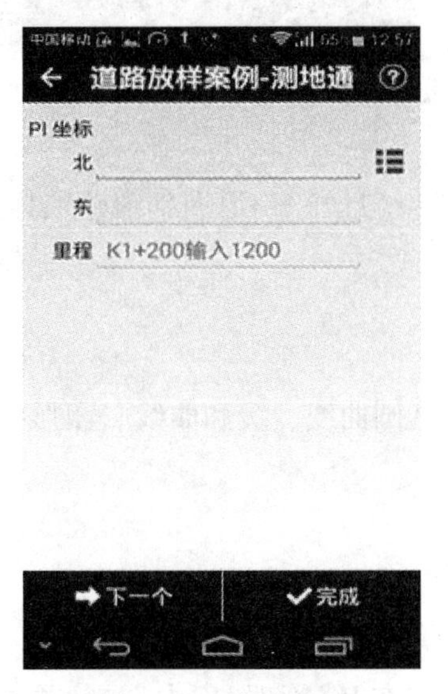

图 5.2-5　方法选择

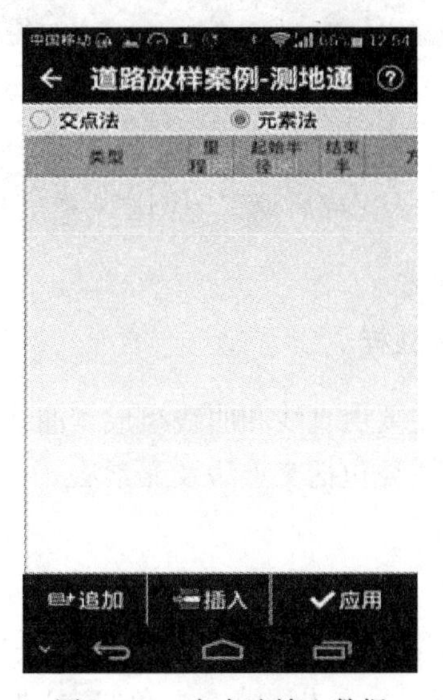

图 5.2-6　交点法输入数据

(2)数据输入：

①输入ZH点坐标及里程($X=2456.238$m，$Y=4598.566$m，里程=3400m)，点击“下一个”；

②输入交点(JD点)坐标$X_{JD}=2579.848$m，$Y_{JD}=4639.458$m，圆曲线半径$R=1000$m，入缓长80m(按路线前进方向，起点ZH方向缓和曲线长)，出缓长80m(终点HZ方向缓和曲线长)，入缓起始半径为无穷大(输入0或不输入任何数字)，出缓半径为无穷大，点击“下一个”；输入ZH点坐标$X_{ZH}=2694.148$m，$Y_{ZH}=4701.804$m，见图5.2-7，点击“完成”，显示所有输入数据，见图5.2-8。

如果数据输入有误，可以长按数据项显示“编辑/删除”进行修改。

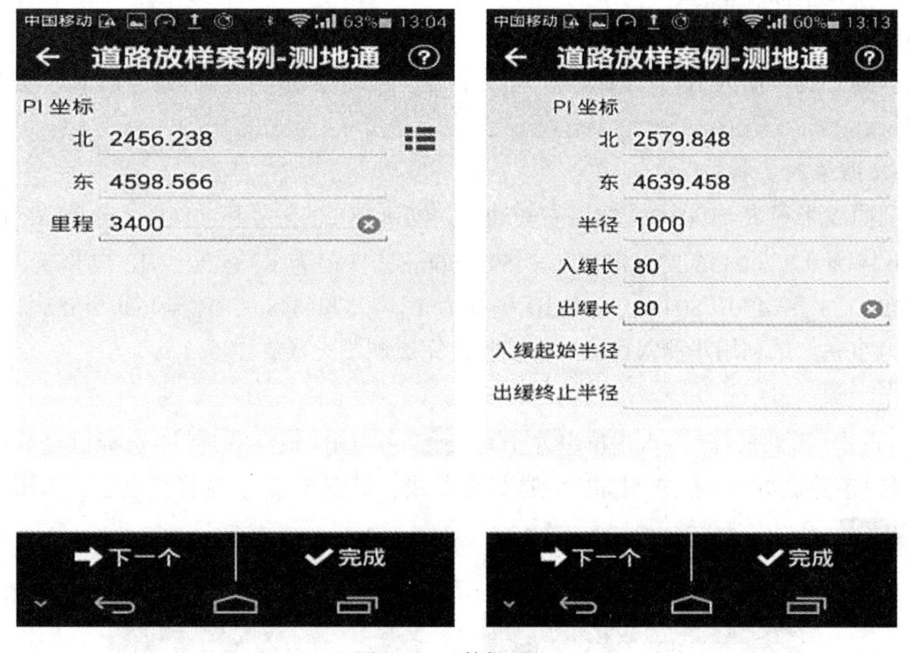

图5.2-7　数据录入

(3)数据录入完成后点击“应用”→“完成”→“打开”→返回到道路放样初始界面，见图5.2-9。

(四)道路放样

道路中线主要由直线和曲线组成，曲线包括圆曲线、缓和曲线、卵形曲线、S形曲线等。放样方法主要包括交点法及元素法。

1. 线放样

1)线创建

将放样点数据输入(导入)待放样点库或点管理库中。点击线放样进入线放样界面，如图5.2-10所示。点击屏幕左上角“☰”按钮，在“线管理”库中选择“添加”，显示添加线界面，见图5.2-11。

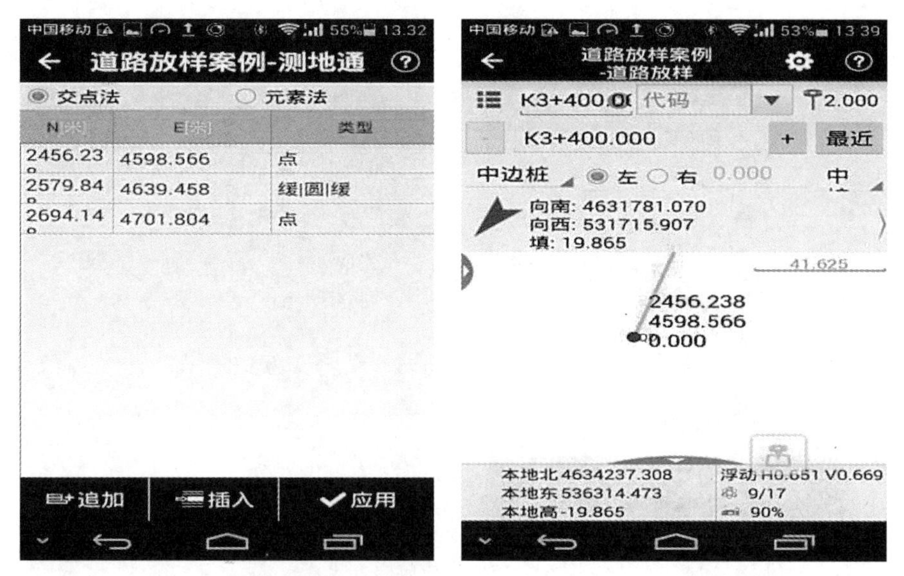

图 5.2-8　所有数据　　　　图 5.2-9　放样界面

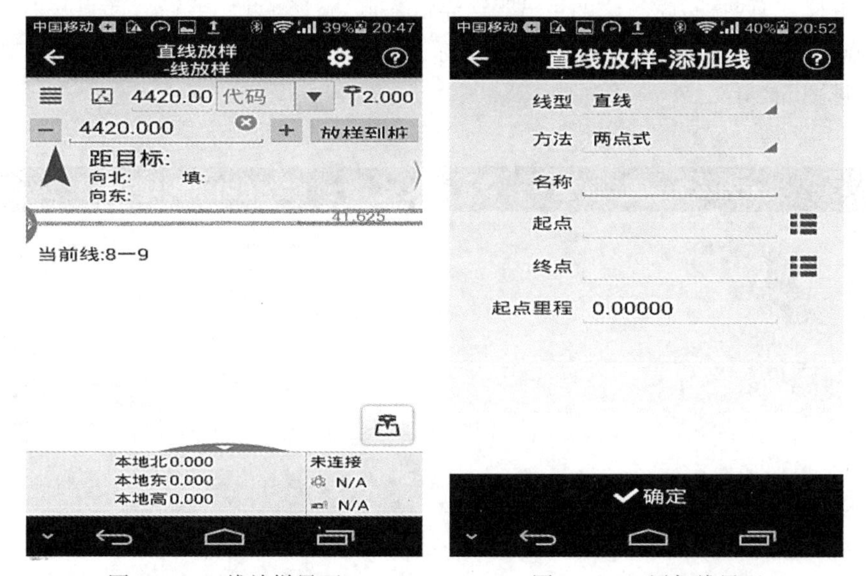

图 5.2-10　线放样界面　　　　图 5.2-11　添加线界面

线型选项有直线、圆、圆弧、折线四种线型放样。

直线放样：有两种方法，分别为“两点式”和“一点+方位角+距离”，见图 5.2-12。如果是“两点定线”，从点库中提取两个点的起始和终点坐标，输入起点里程；如果选择“一点+方位角+距离”，则只需要从点库中输入一个坐标，输入直线的方位角、长度及起点里程，点击“确定”，进入放样界面。

圆放样：有两种方法，从库中选取圆心和半径及三个点即可，见图 5.2-13。

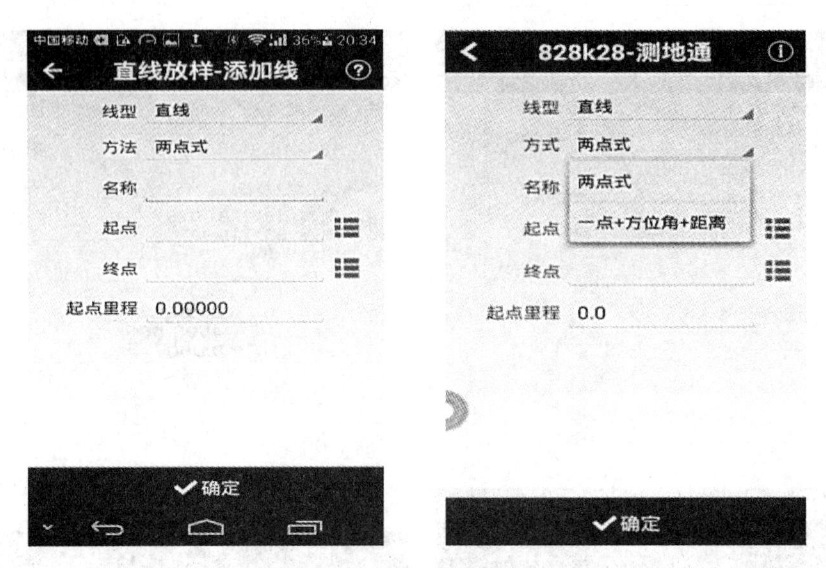

图 5. 2-12　直线放样方式

圆弧放样：有两种方法，“两点式”放样输入起点、终点、半径、起点里程、偏转方向；“一点+方位角+距离”放样输入起点坐标、半径、起点里程、长度、起点方位角、偏转方向，见图 5. 2-14。

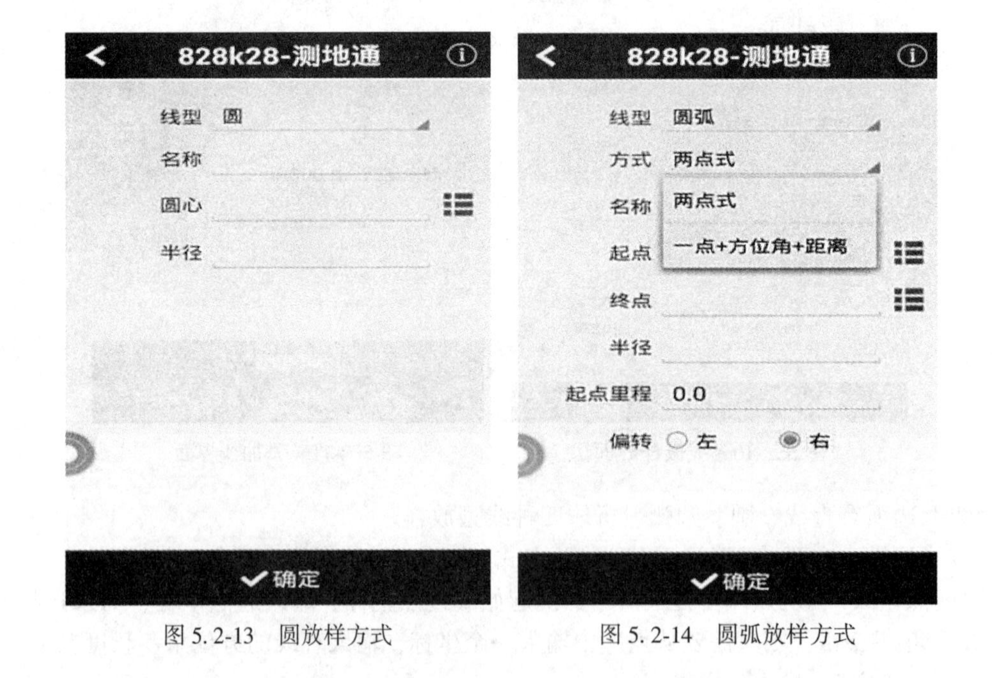

图 5. 2-13　圆放样方式　　图 5. 2-14　圆弧放样方式

折线放样：从点库中提取两个点或两个以上的点坐标，输入折线名称，点击“确定”，线管理中即可添加一条折线，选中添加的折线，点击“确定”，进入放样界面，见图 5. 2-15。

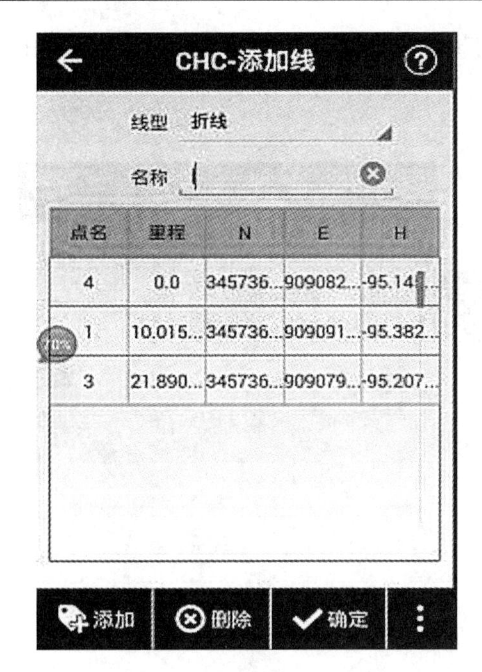

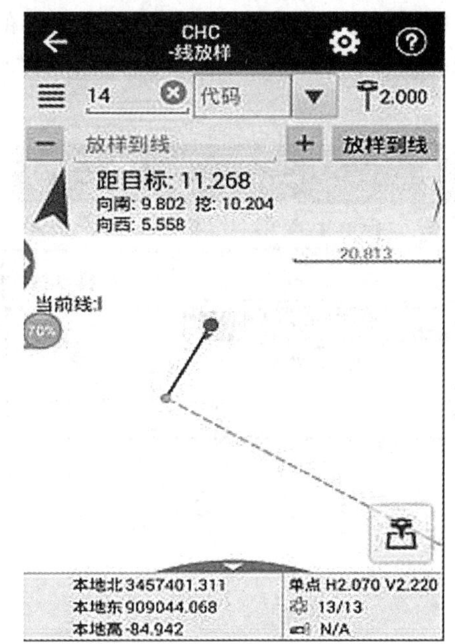

图 5.2-15　折线放样选项

2)线放样

(1)线放样界面介绍。

线放样界面，见图 5.2-16。

①：设置放样参数。

②：库选；点名：可自定义修改；代码：可直接输入。

③：放样指示，实时显示当前位置，在现场可以根据箭头提示寻找目标。在手簿电子罗盘开启时，指示箭头一直指向目标方向，沿箭头方向可找到目标。

④：实时显示当前平面坐标，点击切换后可显示当前点的坐标类型。

⑤减桩：在当前桩号上减一个桩号(桩间距)。

⑥加桩：在当前桩号上加一个桩号(桩间距)。

⑦ 10.000 ：文本框，表示当前桩的里程，手动增加里程，每点击一次，程序自动增加一个增量。

⑧选线放样：支持图上选线功能，对导入的 DXF 地图，支持选择多段线、圆弧、缓和曲线，并可以放样。具体操作：点击相应的功能，地图上选择对应的线，确定后即可进行放样。见图 5.2-17。

⑨文本指示：共有五种指示方式(均显示距目标点距离)，在文本指示框中左右滑动来切换。

五种指示方式：前后左右、高差；东南西北、高差；横偏纵偏、里程、高差；距起点距离、高差；距终点距离、高差。

⑩线放样的其他功能：

放样到桩号：可直接在“+”“-”号之前的里程框中输入里程(若是固定里程间隔，修改“桩间距”，之后在线放样主界面点击“+”“-”号来实现桩号切换)。

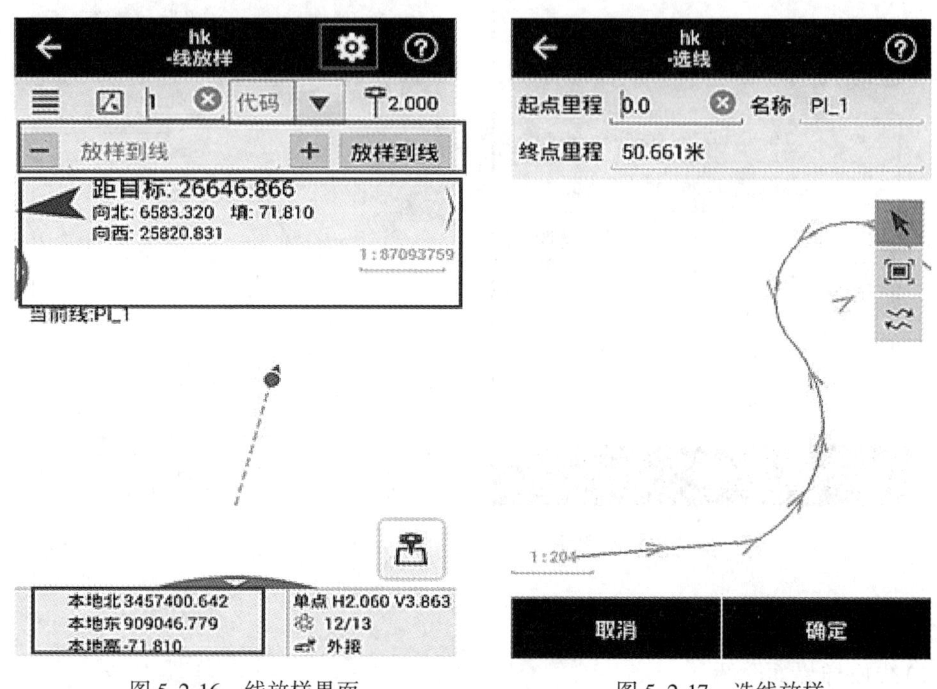

图 5.2-16　线放样界面　　　　图 5.2-17　选线放样

放样横偏点：以在里程 50m 处，右偏 5m 为例，点击“放样到线”(如果输入里程后显示“放样到桩”)，偏距：5，偏角：90°，里程：50。

放样偏移点：以在里程 60m 处，左偏 30°，偏出 6m 为例，点击“放样到线”(如果输入里程后显示“放样到桩”)，偏距：6，偏角：330°，里程：60。

坡比：线段没有高程，放样有高程的斜线时使用。

分段：把线段分为等长段，节约手动算各分段点的里程时间。点“+”“-”自动切换分段点。

桩间距：设置后，点击“+”“-”自动按设置距离切换里程。

(2)线放样步骤。

线放样支持“两点式”和“一点+方位角+距离”两种方式。步骤如下：

①新建项目。

②点击主界面，放样→线放样，出现线放样界面，首先设置放样参数。

③点击列表进入线管理库，可直接输入，也可以从点管理中自定义添加，包括四种线型：直线、折线、圆、圆弧。

④选择完线型之后，点击“”进行测量，开始放样。

(3)道路放样步骤。

①打开道路。

选择“道路列表”→“道路管理”，打开已有道路文件，点击“测量”，准备放样，放样之前需做一些简单的设置，如图 5.2-18 所示。

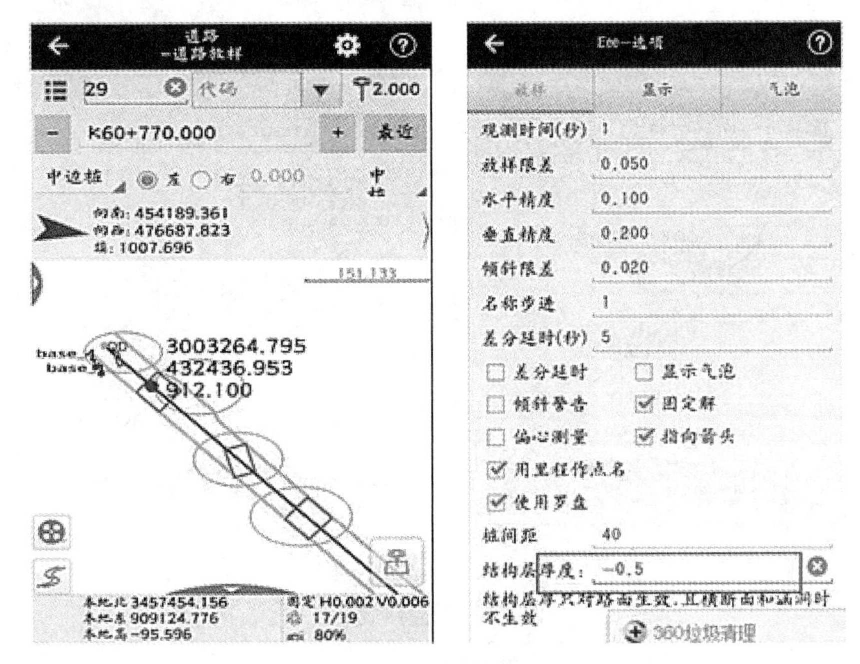

图 5.2-18　道路设置选项

【用里程作点名】：勾选此项后，测量中桩时将以里程号作为测量中桩的点名。

【放样限差】：设置放样限差，当不满足限差测量时，软件将弹出警告，提示用户“距离超出限制，是否继续测量”。

【桩间距】：设置当前里程增加的距离。

【结构层厚度】：结构层厚度可以输入负值，如果输入负值，则放样的高程比实际设计高程高，如果输入正值，则放样的高程比实际设计高程低。

②中边桩测量。

中桩：打开道路，点击右上角设置，对桩间距进行设置，设置好后点击左上角箭头返回，然后从起点桩号开始放样。按“+”号根据之前设置的桩间距依次放样。

边桩：放样边桩有两种方法，第一种：输入距离，选择“左”或“右”，输入边桩到中桩的距离，根据导航提示放样；第二种：使用自定义编辑板块功能，比如，选择中央分隔带，软件会自动计算出中桩与中央分隔带的距离，按导航提示距离选择放样。道路中边桩放样时，所选择的道路板块能完全显示。见图 5.2-19。

在显示平曲线的时候，能看到道路边线；当道路有加宽的时候，能直观显示出来；放样边桩时，当前位置和图上的边线能重合。当道路元素中有结构物时，道路平曲线界面能显示界面所示的里程范围内的结构物图形。

(五)道路放样技术要求

道路放样有以下几个技术要求：

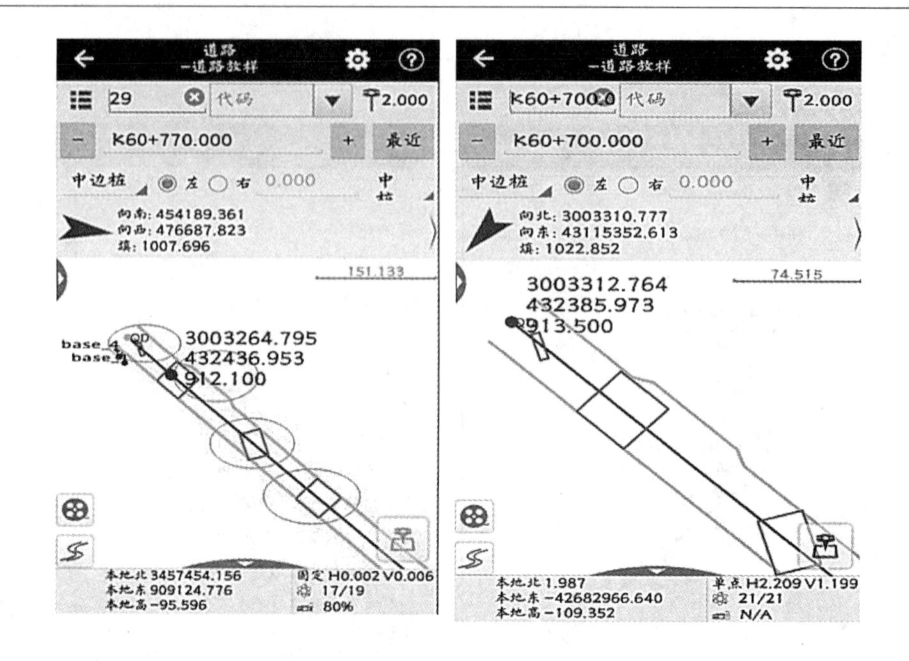

图 5.2-19　道路放样

(1)为了检验当前站 RTK 作业的正确性，必须检查一点以上的已知控制点，或已知任意地物点、地形点，当检核在设计限差要求范围内时，方可开始 RTK 测量。

(2)RTK 作业应尽量在天气良好的状况下作业，要尽量避免雷雨天气。夜间作业精度一般优于白天。

(3)RTK 作业前要进行严格的卫星预报，选取 PDOP<6、卫星数大于 6 的时间窗口。编制预报表时应包括可见卫星号、卫星高度角和方位角、最佳观测卫星组、最佳观测时间、点位图形几何图形强度因子等内容。

(4)开机后经检验有关指示灯与仪表显示正常后，方可进行自测试并输入测站号(测点号)、仪器高等信息。接收机启动后，观测员可使用专用功能键盘和选择菜单，查看测站信息接收卫星数、卫星号、卫星健康状况、各卫星信噪比、相位测量残差实时定位的结果及收敛值、存储介质记录和电源情况，如发现异常情况或未预料情况，应及时作出相应处理。

(5)在一个连续的观测段中，应对首尾的测量成果进行检验。检验方法如下：

①在已知点上进行初始化。

②复测(两次复测之间必须重新进行初始化)。

(6)每放样一个点后都应及时进行复测，所放点的坐标和设计坐标的差值不超过 2cm。

(7)把已知数据编辑成要求的指定格式，扩展名为 *.txt 或者 *.pt，再把编辑好的文件复制到当前任务所在的目录下，在测地通软件中进入点坐标导入文件，进行选择即可。

(六)道路放样实操

1. 案例计算

利用测地通软件完成案例表 5.2-1 的计算，并填写表 5.2-1。

表 5.2-1　**案例计算**

点号	弧长(m)	里程(m)	X(m)	Y(m)	主点号
1	0	K3+400	2456.238	4598.566	ZH
2	20	K3+420			
3	40	K3+440			
4	60	K3+460			
5	80	K3+480	2531.843	4624.701	HY
6	100	K3+500			
7	120	K3+520			
8	129.93	K3+529.93	2578.126	4643.426	QZ
9	140	K3+540			
10	160	K3+560			
11	179.87	K3+579.87	2623.417	4664.439	YH
12	200	K3+600			
13	220	K3+620			
14	240	K3+640			
15	259.87	K3+659.87	2694.148	4701.804	HZ

2. 放样案例

本案例放样数据地点为学校操场。

1)一组放样数据

点号	里程(m)	X(m)	Y(m)	平曲线要素
QD	K0+000	4645134.368	542431.975	左偏角 = 69°15′32.0″；R = 30；T = 20.178
JD1	K0+044.909	4645091.364	542418.632	L = 36.264；E = 4.659；ZY 里程 = K0+024.190
ZD	K0+065.463	4645075.623	542438.758	QZ 里程 = K0+042.322；YZ 里程 = K0+060.454

2）二组放样数据

点号	里程(m)	X(m)	Y(m)	平曲线要素
QD	K0+000	4645130.578	542449.046	左偏角=69°15′32.0″；R=30；T=20.178
JD1	K0+044.909	4645087.729	542435.601	L=36.264；E=4.659；ZY 里程=K0+024.190
ZD	K0+065.463	4645071.832	542455.829	QZ 里程=K0+042.322；YZ 里程=K0+060.454

3）三组放样数据

点号	里程(m)	X(m)	Y(m)	平曲线要素
QD	K0+000	4645125.920	542467.731	左偏角=69°15′32.0″；R=30；T=20.178
JD1	K0+044.909	4645083.071	542454.286	L=36.264；E=4.659；ZY 里程=K0+024.190
ZD	K0+065.463	4645067.175	542474.514	QZ 里程=K0+042.322；YZ 里程=K0+060.454

（4）四组放样数据

点号	里程(m)	X(m)	Y(m)	平曲线要素
QD	K0+000	4645122.366	542483.335	左偏角=69°15′32.0″；R=30；T=20.178
JD1	K0+044.909	4645079.517	542469.889	L=36.264；E=4.659；ZY 里程=K0+024.190
ZD	K0+065.463	4645063.621	542490.118	QZ 里程=K0+042.322；YZ 里程=K0+060.454

5）五组放样数据

点号	里程(m)	X(m)	Y(m)	平曲线要素
QD	K0+000	4645118.353	542501.551	左偏角=69°15′32.0″；R=30；T=20.178
JD1	K0+044.909	4645075.504	542488.105	L=36.264；E=4.659；ZY 里程=K0+024.190
ZD	K0+065.463	4645059.608	542508.333	QZ 里程=K0+042.322；YZ 里程=K0+060.454

6）六组放样数据

点号	里程(m)	X(m)	Y(m)	平曲线要素
QD	K0+000	4645114.999	542517.457	左偏角=69°15′32.0″；R=30；T=20.178
JD1	K0+044.909	4645072.150	542504.011	L=36.264；E=4.659；ZY 里程=K0+024.190
ZD	K0+065.463	4645056.254	542524.239	QZ 里程=K0+042.322；YZ 里程=K0+060.454

7）七组放样数据

点号	里程（m）	X（m）	Y（m）	平曲线要素
QD	K0+000	4645110.777	542535.724	左偏角 = 69°15′32.0″；R = 30；T = 20.178
JD1	K0+044.909	4645067.928	542522.278	L = 36.264；E = 4.659；ZY 里程 = K0+024.190
ZD	K0+065.463	4645052.031	542542.506	QZ 里程 = K0+042.322；YZ 里程 = K0+060.454

8）八组放样数据

点号	里程（m）	X（m）	Y（m）	平曲线要素
QD	K0+000	4645105.296	542555.191	左偏角 = 69°15′32.0″；R = 30；T = 20.178
JD1	K0+044.909	4645062.447	542541.745	L = 36.264；E = 4.659；ZY 里程 = K0+024.190
ZD	K0+065.463	4645046.551	542561.973	QZ 里程 = K0+042.322；YZ 里程 = K0+060.454

项目 6　网络 CORS

任务　网络 RTK 的使用(校园 CORS)

一、任务概况

本实训主要掌握 RTK 网络模式的设置过程，了解校园 CORS 网的设置过程及内置网络使用。在该实训中须完成如下任务：

(1)校园 CORS 连接；

(2)内置网络连接。

二、器材准备与人员组织

(一)器材准备

GNSS 接收机、手机卡。

(二)实训场地

校园测量实训场。

(三)人员组织

根据情况进行分组，完成实训内容，建议每组 4~6 人。

三、任务实施

本任务实施前要将手机卡安置到主机卡槽内。

(一)科力达 RTK 连接校园 CORS 过程

1. 连接移动站

首先将主机调至移动站、网络模式。

2. 网络设置

打开手簿工程之星软件，选择“设置”→“网络设置”，见图 6.1-1。进入网络设置界面，见图 6.1-2。点击下方“编辑”，进入网络配置界面，见图 6.1-3。

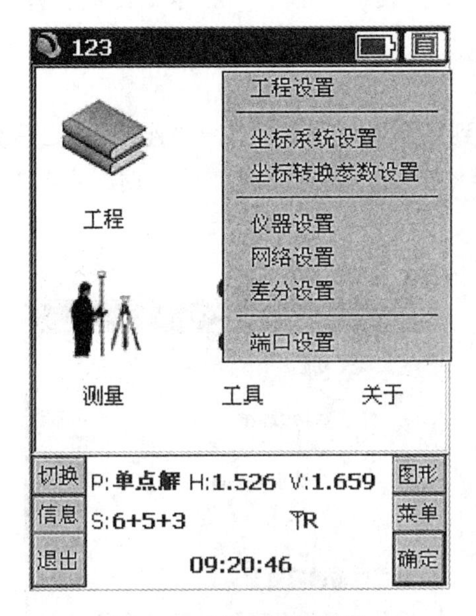

图 6.1-1　选择网络设置

图 6.1-2　网络设置界面

按照图 6.1-3 中所示输入信息：

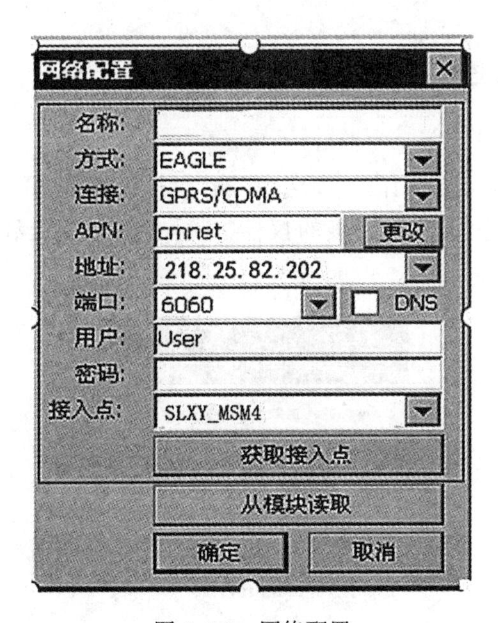

图 6.1-3　网络配置

(1)地址：218.25.82.202；

(2)端口：6060；

(3)用户名：无；

(4)密码：无；

(5)接入点：S4815C117144961(天宝三星主板)、SLXY_MSM4(其他三星主板)、SLXY_RTCM30(双星主板)。

3. 连接网络

输入完成之后，点击“确定”，然后返回到网络设置界面，点击“连接”。之后会出现图6.1-4所示界面，待提示栏显示“连接基准站成功，成功完成连接!”时，点击“确定”，完成CORS的连接，见图6.1-5。

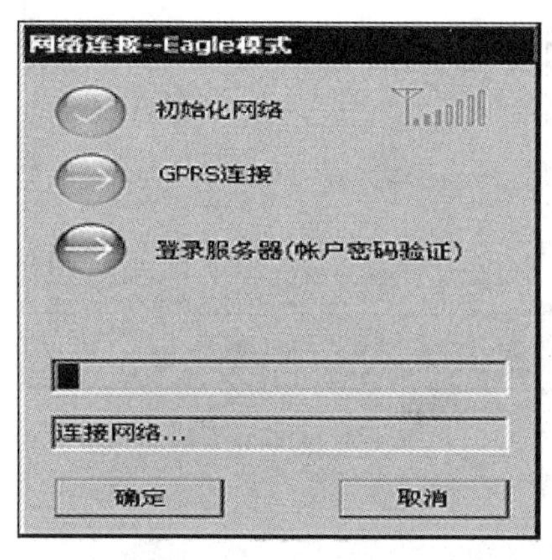

图6.1-4　网络连接中

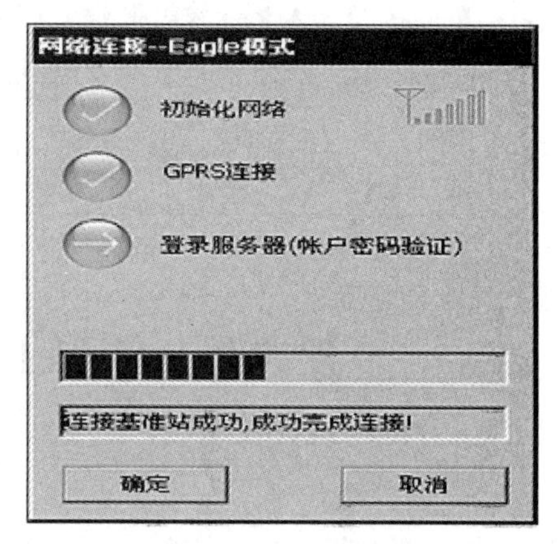

图6.1-5　连接成功

(二)校园网 CORS 连接过程(以华测 X10 为例)

1. 连接移动站

点击“配置”→“连接”。界面内厂商选“华测”，设备类型选“智能 RTK”，连接方式选“蓝牙”或“WiFi”，目标蓝牙选要连接的仪器，见图6.1-6，天线类型选 CHCX10，点击“连接”按钮。

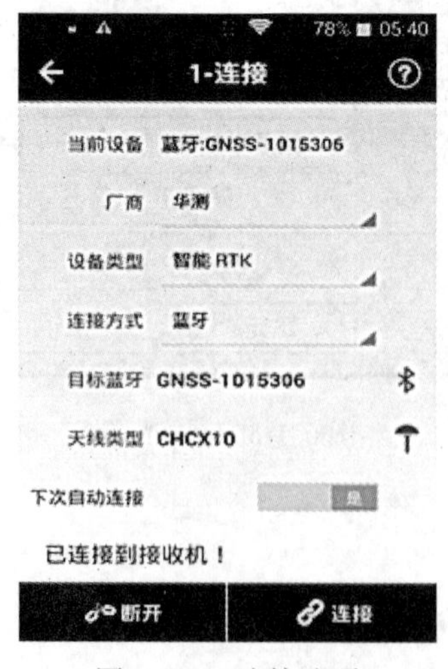

图6.1-6　连接选项

2. 设置工作模式

(1)新建 CORS 配置。

新建方法：进入配置→工作模式→新建，如图 6. 1-7 所示。

依据图 6. 1-7 显示内容，输入相关信息：

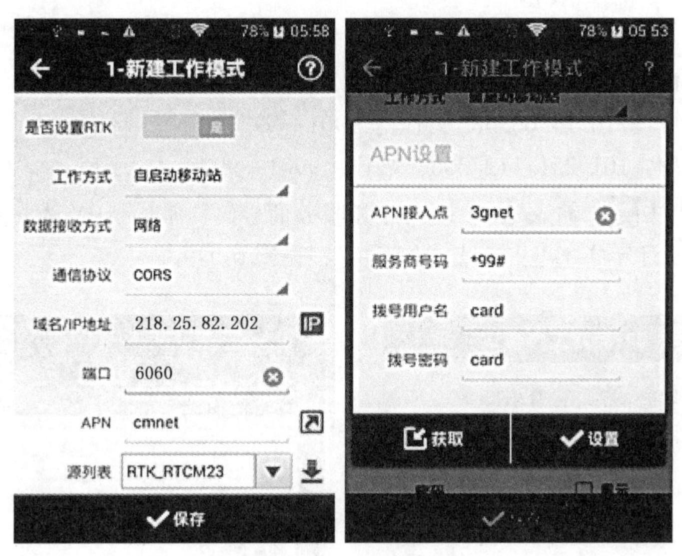

图 6. 1-7　新建工作模式

①是否设置 RTK：选“是”。

②工作方式：自启动移动站、自启动基准站、手动启动基准站。选“自启动移动站”。

③数据接收方式：手簿网络、电台、网络、星站差分，这里选“网络”。如果手机卡在手簿中选“手簿网络”。

④通信协议：APIS、CORS、TCP 直连。这里选“CORS”或“APRS”。

⑤域名/IP 地址：输入 CORS 的 IP 地址，校园网 IP 地址：218. 25. 82. 202。

⑥端口：CORS 的端口。校园网端口：6060。

⑦APN：设置成 3gnet 或 cmnet。内网设置成 CORS 中心给的 APN。电信用户需要填入拨号用户名及密码，移动卡不用。

其他项目默认即可。

(2)上述设置完成后点击保存为“自启动移动站校园 CORS 模式”。

(3)点击工作模式，此时刚刚新建的模式会出现在常用模式列表下，选择该模式，点击“接受”，软件提示“是否接受此模式?”，点击“确定”，软件提示“接受此模式成功!”，点击“确定”，即完成自启动移动站网络模式下的设置。

(三)内置网络连接过程(以华测 X10 为例)

1. 设置基准站

1)新建工作模式

新建工作模式需要设置以下内容。见图 6. 1-8。

(1)工作方式：选择手动启动基准站。

(2)工作模式：选择基站内置网络+外挂电台。

(3)差分格式：包含 CMR/CMR+/RTCM2.X/RTCM3.X/RTCM3.2(三星)/SCMR(三星)、Auto，选择一种即可。

(4)通信协议：选择 APIS。

(5)域名/IP 地址、端口：选择华测常用的四个服务器，IP 及端口如下：

211 服务器 IP：211.144.120.97，端口：9901—9920；

210 服务器 IP：210.14.66.58，端口：9901—9920；

101 服务器 IP：101.251.112.206，端口：9901—9920。

(6)APN：点击，输入 APN 接入点和服务商号码，常用 APN 为 cmnet 或 3gnet，服务商号码为"＊99 辽宁省 1#"；或点击"获取"，见图 6.1-9。

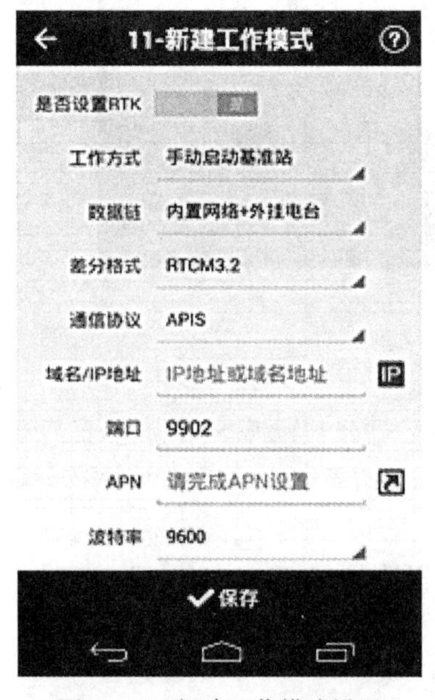

图 6.1-8　新建工作模式设置

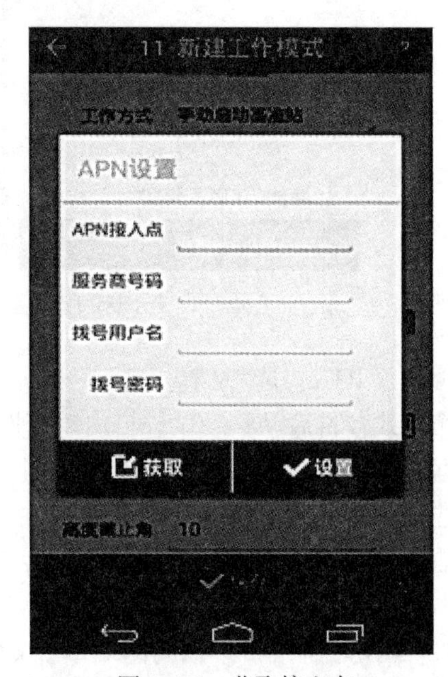

图 6.1-9　获取接入点

(7)波特率：包含 9600、4800、19200 等，使用华测仪器时波特率选择 9600。

(8)高度截止角：接收机锁定卫星区域边缘与水平线的夹角，一般设置值为 13 度，但可以根据卫星的分布状态和接收机的作业区域更改。

2)保存模式

点击"保存"，软件会弹出"给该模式命名!"的提示，输入名称，如"手动启动基准站-网络模式"。命名完成后点击"确定"，软件会提示"模式创建成功"，点击"确定"。

3)启用模式

此时刚刚新建的模式会出现在常用模式列表下，选择该模式，点击"接受"，见图 6.1-10。软件会弹出输入已知点坐标，可以选择手动输入已知点的坐标(或从列表中选取)或通过获取当前位置来启动基准站，见图 6.1-11。

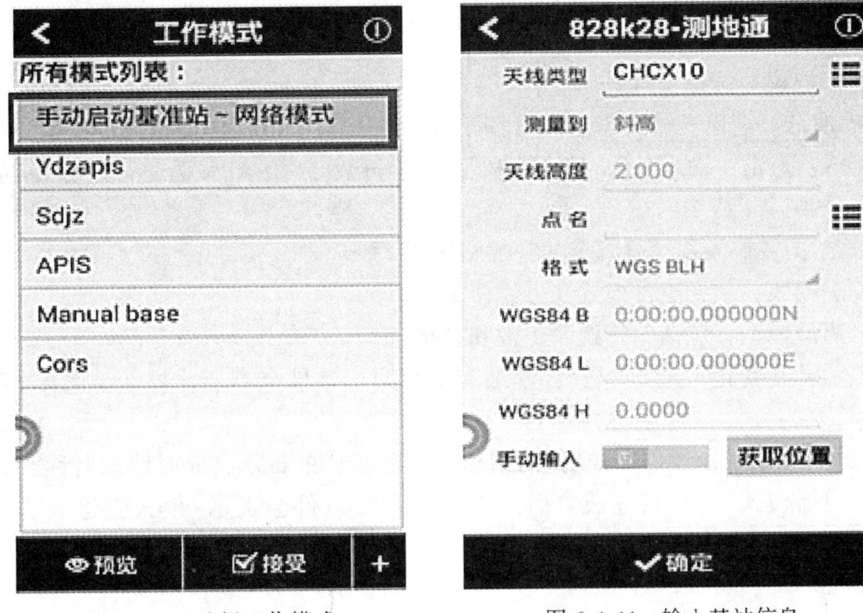

图 6.1-10　选择工作模式　　　图 6.1-11　输入基站信息

手动输入若选择“是”，此时可以手动输入已知点坐标、点名、格式、天线高度等，也可以从列表中选取提前键入好的坐标。手动输入若选择“否”，此时只有通过获取当前位置来启动已知点。

点击“确定”，软件会提示“接受此模式成功!”完成手动启动基准站网络模式下的设置。

2. 设置移动站

移动站设置界面见图 6.1-12。

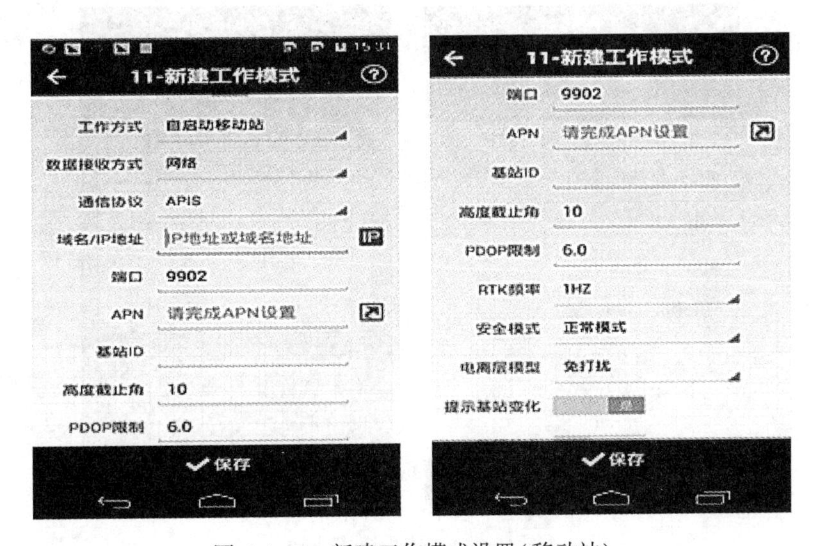

图 6.1-12　新建工作模式设置(移动站)

(1)工作方式：选择自启动移动站。

(2)数据接收方式：选择网络。

(3)通信协议：选择 APIS。

(4)IP 地址、端口：输入华测常用服务器中的任意一个，如 210. 14. 66. 58：9902。

(5)APN：点击，输入 APN 接入点和服务商号码，常用 APN 为 cmnet 或 3gnet，服务商号码为“ * 99 辽宁省 1#”。

(6)基站 ID：输入移动站绑定的基准站 S/N 号。

(7)安全模式：包括正常模式和可靠模式。

(8)电离层模型：包括免打扰、正常和打扰。

(9)提示基站变化：选择“是”，基站有变化时，软件会有变化提示，选择“否”，则没有提示。

(10)点击“确定”，软件会弹出“请给该模式命名!”的提示，此时输入名称，如“自启动移动站-网络模式”。命名完成之后点击“确定”，软件会提示“模式创建成功”，点击“确定”。见图 6. 1-13。

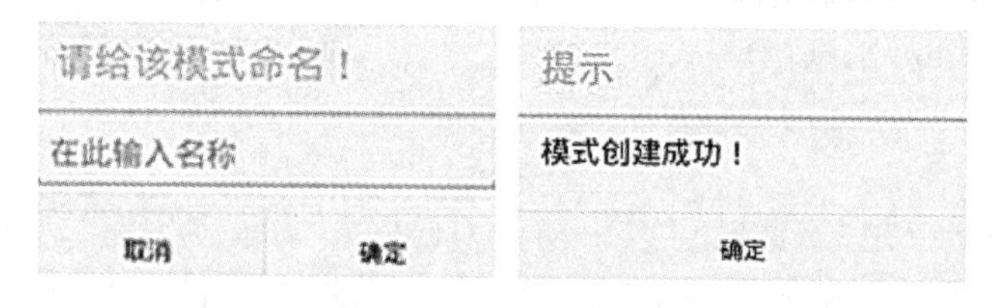

图 6. 1-13 模式创建

(11)此时刚刚新建的模式会出现在常用模式列表下，选择该模式，点击“接受”，软件会提示“是否接受此模式?”，点击“确定”，软件提示“接受此模式成功!”，点击“确定”，即完成自启动移动站网络模式下的设置。见图 6. 1-14。

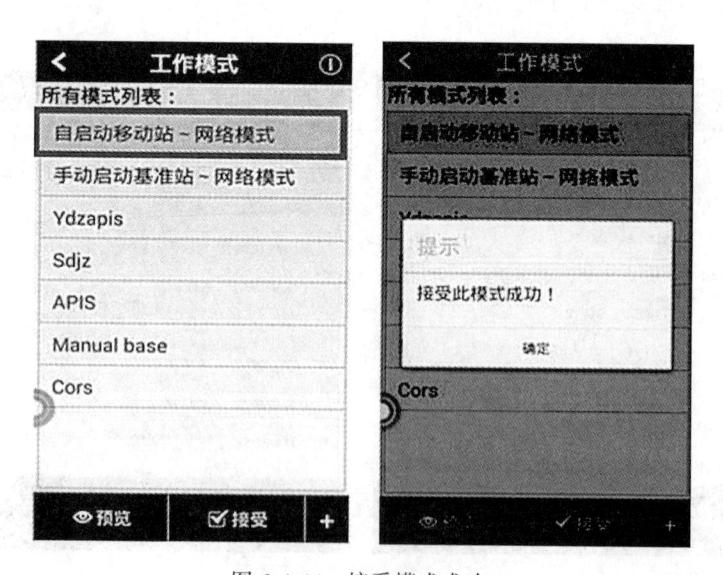

图 6. 1-14 接受模式成功

项目7 综 合 实 训

任务7.1 综合实训综述及准备工作

一、综合实训目的

3S技术是工程测量专业、测绘与地理信息专业、摄影测量与遥感技术专业及其相关专业的主要专业技术课程，其中“GNSS测量技术”是一门集实践性、操作性、综合性为一体的课程，通过GNSS测量技术的实训，进一步巩固和深化课堂所学内容，验证课堂所学的理论和基本方法、基本技能，将所学知识变成技巧、变成能力。

通过GNSS测量技术实训，可以让学生完整地掌握常用的控制测量的方法、全站仪法和GNSS法。还可以加强学生的仪器操作技能，提高学生的动手能力，培养学生运用所学基本理论和基本技能发现问题、分析问题、解决问题的能力。实训过程中，培养学生具有热爱专业、关心集体、爱护仪器工具、认真执行测量规范的良好职业道德；吃苦耐劳、团结协作的团队精神；认真负责、一丝不苟的工作态度；精益求精的工作作风；遵守纪律、保护群众利益的社会公德。

二、综合实训要求

1. 纪律要求

(1)实训中必须听从指导教师的安排，指导教师要严格执行考勤制度。教师要执行定时与不定时相结合的方式进行考勤。学生不得无故旷课、迟到、早退，要保证每天每组出勤率。

(2)实训中要严格执行请假制度。实训中原则上不予请假，如需要请假必须由指导教师批准，超过一天需要执行学院规定的请假制度。

(3)实训中要严格履行大学生行为规范准则。不抽烟、不酗酒闹事、不打架斗殴。

(4)要及时完成指导教师布置的实习任务。

(5)要严格执行设备操作规程。

(6)在设备附近不许嬉戏打闹。

(7)实训中操作者不能离开设备。

(8)实训中的设备要由组长专人保管。如果组长有事请假需要委托他人进行保管，并告知指导教师。

(9)如有损坏设备，要写出书面报告，根据情节轻重程度，按照学院《测绘仪器使用赔偿制度》中的规定进行赔偿。

2. 任务要求

(1)熟练掌握全野外 GNSS 接收机的使用方法。

(2)掌握 GNSS 接收机进行控制测量、GNSS 网外业实施的方法。

(3)掌握 RTK 碎部测量及道路放样方法。

(4)掌握 GNSS 网内业数据处理的方法、GNSS 数据处理软件的使用。

(5)要及时上交成果。

三、综合实训组织形式

1. 实训组织结构

实训期间的组织工作应由教研室统筹规划安排实训时间节点。每班应配备两名辅导教师，并由辅导教师全权负责实训过程中的任务、指导、成绩评定及人员设备的管理等；实训按小组进行，每组4~6人，选组长1人，负责组内实训分工和仪器管理。组员在组长的统一安排下，分工协作，搞好实训。分配任务时，应使每项工作都由组员轮流担任，不要单纯追求进度。

2. 成员职责

实训组各成员的职责如下：

(1)组长：实训期间与老师进行联系，汇报实训情况，传达老师指令；每天出测前和收测后查清仪器及其他用具，检查电池使用情况，并负责充电，在外业期间，协助外业观测的现场调度；

(2)组员：按时出勤；参与制订外业观测计划和外业调度方案；外业观测期间执行指导教师、组长的指令，确保人身和仪器安全。

四、综合实训安全管理

1. 人员安全管理

(1)野外实训要注意交通安全。选点要避开繁华地段；走路要注意力集中，遵守交通规则，注意躲避车辆，避免事故发生。

(2)使用尺杆等测量用具时要注意头上的电线及变压器，防止点击。穿越马路时尺杆要竖着扛起，避免与车辆相碰撞或碰伤行人。

(3)行走在野地里要注意脚下的尖锐硬物及不明坑穴，防止扎脚及跌落坑穴中，造成人身伤害。

(4)小组成员要集体出行，不要在野外逗留，防止意外事故发生。

(5)不要和陌生人搭话，更不要接纳陌生人提供的食品或香烟等。

(6)野外作业不允许吸烟，冬季不允许野外烤火取暖，防止火灾发生，避免火灾造成人身伤害。

(7)如有意外人身安全事故发生，要和指导教师联系并及时报警。

2. 设备安全管理

(1)设备要由组长统一管理或组长委托他人管理。

(2)每天出行或收工时组长都要认真清点设备及箱内配件。

(3)充电时要注意插头不要松动或虚连，防止火灾发生。

(4)在野外不要坐仪器箱。

(5)大风天气、雨天禁止使用设备。

(6)所有设备使用、运输中要轻拿轻放，避免由于震动造成对仪器的损害。

(7)要严格执行设备说明书中的操作规程。

如有违反上述之规定者，根据情节轻重，成绩降等或不及格。

五、设备借用

(1)每组领取华测 X10 GNSS 接收机一套，见表 7.1-1。

(2)每组 4~6 人，组长 1 人，组员 3~5 人。由组长负责领取和管理设备。

表 7.1-1　**每组仪器及用具**

配置名称	数量	单位
华测 X10 GNSS 接收机(含仪器箱)	1	套
可充电锂电池	2	个
充电器	1	组
基座	2	组
数据传输电缆线	1	条
2m 钢卷尺	1	个
对中杆	1	根
三脚架	1	付
锤子	1	把
钢钉	若干	个
油漆	1	筒

六、综合实训任务内容

(1)编写技术设计书。

(2)GNSS 静态控制测量及数据处理。

(3)GNSS-RTK 动态控制测量。

(4)GNSS-RTK 数字测图。

(5)GNSS-RTK 道路放样。

(6)编写实训报告。

七、综合实训时间安排

表7.1-2 **参考时间分配表(2周)**

天数	项目名称内容	地点	备注
1	准备工作、踏勘选点、技术设计	教学楼 仪器室及机房	实训动员、实训内容讲解、领取仪器、练习传输数据，技术设计
3	GNSS静态控制测量	沈北新区	GNSS静态相对测量的外业数据采集
1	GNSS静态数据处理	机房	数据传输、数据处理：基线解算及网平差
3	GNSS-RTK数据采集	虎石台	RTK进行碎部测量的数据采集，每天将采集的数据及时传到电脑
1	RTK内业数据处理及绘图	机房	利用GNSS数据处理软件、CASS9.2进行绘图
1	实训报告，成绩考核	自定	

八、综合实训上交成果

1. 每个实训小组应交成果

(1)经过严格检查的各种观测手册，包括点之记、外业观测手簿。

(2)GPS接收机调度表、外业观测日程安排。

(3)GPS数据处理成果。

(4)RTK碎部测量的内业成图。

2. 每人应交成果

(1)控制网的选点草图。

(2)GPS数据处理计算成果。

(3)控制点成果表。

(4)实训报告(技术总结、个人总结)。

九、成绩评定

实训成绩根据小组成绩和个人成绩综合评定。按优、良、中、及格、不及格五级评定成绩，考核时按百分制，最后换算成上述五个等级。

1. 小组成绩的评定标准，占总成绩的 50%

(1)观测、记录、计算准确，数据图形管理规范，按时完成任务情况及任务质量等。(30 分)

(2)遵守纪律，爱护仪器，组内人员具有团队精神，组内外团结协作。(10 分)

(3)组内能展开讨论，及时发现问题、解决问题，并总结经验教训(10 分)。

2. 个人表现成绩的评定，占总成绩的 50%

(1)实训期间的表现，主要包括：出勤情况、实训表现、遵守纪律情况、爱护仪器工具情况。(5 分)

(2)操作技能，主要包括：使用仪器的熟练程度、作业程序和外业观测是否符合规范要求等。(5 分)

(3)手簿、计算成果等，主要包括：手簿和各种计算表格是否完好无损，书写是否工整清晰，手簿有无擦拭、涂改，数据计算是否正确，各项限差、较差、闭合差是否在规定范围内。(10 分)

(4)个人实训考试成绩(包括实际操作考试、理论计算考试)。(20 分)

(5)实训报告，主要包括：实训报告的编写格式和内容是否符合要求，实训报告是否整洁清晰、项目齐全、成果正确，编写水平、分析问题、解决问题的能力及有无独特见解等。(10 分)

(6)实训中发生吵架事件、损坏仪器、工具及其他公物，未交实训报告、伪造数据、丢失成果资料等，均作不及格处理。

3. 个人总成绩

根据个人总成绩=小组成绩+个人表现成绩，填写表 7.1-3。

表 7.1-3 **GNSS 实训成绩表**

姓　名	小组成绩	个人表现成绩	总成绩(百分制)	总成绩(等级)	备 注

任务 7.2 编写技术设计书

一、技术设计书的编写内容

在明确任务、了解测区、广泛收集资料的情况下，进行技术设计书的编写。设计书的基本内容如下所述：

(1)任务概述。说明任务名称、来源、作业区范围、地理位置、行政隶属、拟采用的技术依据、要求达到的主要精度指标和质量要求、计划开工期及完成期等。

(2)测区概况。重点介绍测区的社会、自然、地理、经济、人文等方面的基本情况。

(3)已有资料利用情况。需对以上既有成果情况加以说明，包括其等级、精度。

(4)作业依据。说明控制网布设所依据的规范及有关的技术资料。

(5)控制测量方案。控制测量方案包括平面控制测量方案和高程控制测量方案。

(6)检查验收方案。检查验收方案应重点说明数字地形图的检测方法、实地检测工作量与要求；中间工序检查的方法与要求；自检、互检、组检方法与要求；各级各类检查结果的处理意见等。

(7)应提交的资料。技术设计书中应列出需要提交的所有资料的清单，并编制成表。

(8)建议与措施。技术设计书中不仅应就如何组织力量、提高效益、保证质量等方面提出建议，而且要充分、全面、合理预见工程实施过程中可能遇到的技术难题、组织漏洞和各种突发事件等，并有针对性地制定处理预案，提出切实可行的解决方法。

二、技术设计书题目

本实训任务技术设计书题目：《虎石台镇四等 GNSS 控制网技术设计书》。

三、测区范围

测区范围：东至辉山大街，南至沈北大道，西至秋月湖街，北至蒲河大道。

四、已有资料情况

(1)已知控制点情况：测区周边已有控制点 4 个，控制点坐标由指导教师提供。

(2)测区内 1∶10000 正射影像图 4 张。

(3)下载测区范围电子地图一份。

五、执行技术标准

本综合实训采用的技术标准如下：

(1)GB/T 18314—2009《全球定位系统(GPS)测量规范》。

(2)CJJ/T 73—2010《卫星定位城市测量技术规范》。

(3)CH/T 1004—2005《测绘技术设计规定》。

(4)CH/T1001—2005《测绘技术总结编写规定》。

(5)CB/T 24356—2009《测绘成果质量检查与验收》。

(6)GB/T 28588—2012《全球导航卫星系统连续运行基准站网技术规范》。

(7)CJJ/T 73—2010《卫星定位城市测量技术规范》。

(8)本技术设计书。

六、设计方案

根据设备及班级人数情况，每个队有6至8个作业组。各作业组要联合将测区布设几个联测环并在图上进行设计布网。

(一)仪器的选用

为了确保设计的精度标准，本测区使用6~8台华测X10智能GNSS接收机进行施测，采用静态相对定位测量模式进行外业观测。

(二)GNSS点的观测要求

1. 观测实施计划要求

GNSS点观测采用静态相对定位方法，采用多台接收机(大于3台)保持同步观测，连续跟踪卫星同一观测单元。观测时，应根据卫星可见性预报表，选择有利观测时间，编制观测调度计划。在作业中可根据实际情况及时调整调度计划。观测实施计划应符合下列要求：

(1)观测实施计划可根据测区范围的大小分区编制。

(2)根据分区中心概略位置，编制卫星可预见性预报表，所用的概略星历龄期不应超过20天。

(3)观测实施计划内容包括作业日期、时间、测站名称和接收机名称等。

2. 观测准备工作要求

(1)安置GNSS接收机天线时，天线的定向标志指向正北，定向误差不宜超过±5°。对于定向标志不明显的接收机天线，可预设定向标志。

(2)用三脚架安置GNSS接收机天线时，对中误差小于3mm；在高标基板上安置天线时，应将标志中心投影到基板上，投影示误三角形最长边或示误四边形对角线小于5mm。

(3)天线高应量测至mm，测前测后应各量测一次，两次较差不应大于3mm，并取其平均值作为最终成果；较差超限时应查明原因，并记录至GNSS外业观测手簿备注栏内。

3. 外业观测要求

(1)接收机工作状态正常后，应进行自测试，并输入测站名、日期、时段号和天线高等信息。

(2)接收机开始记录数据后，应查看测站信息、卫星状况、实时定位结果、存储介质记录和电源工作情况等，异常情况应记录至GNSS外业观测手簿备注栏内。

(3)观测过程中应逐项填写GNSS外业观测手簿中的记录项目，记录应符合《全球定位系统(GPS)测量规范》(GB/T 18314—2009)的规定。

(4)GNSS快速静态定位测量的同一观测单元期间，基准站观测应连续，基准站和流动站采样间隔应相同。

(5)作业期间禁止在仪器附近使用手机和对讲机；雷雨天气时应关机停测，并卸下天线以防雷击。

(6)作业期间不允许下列操作：关机又重新启动、自测试、改变仪器高度值与测站名、改变 GNSS 天线位置、关闭文件或删除文件等。

(7)作业人员在作业期间不得擅自离开仪器，应防止仪器受到震动和被移动，防止人和其他物体靠近天线，遮挡卫星信号。

(8)观测结束后，应检查 GNSS 外业观测手簿的内容，并将点位保护好后，方可迁站。

(9)每日观测完成后，应将全部数据双备份，清空接收机存储器，及时对数据进行处理，剔除不合格数据。

(10)实训教师统一选择一定的坐标系统和高程系统，坐标系统尽量采用国家坐标系统和国家高程系统，新布设的 GNSS 网应与附近已有的国家高等级 GNSS 点进行联测，联测点数不得少于 2 点。

(11)GNSS 测量按照精度可以分为二等、三等、四等、一级、二级(表 7.2-1)。本实训为四等。

表 7.2-1 **静态卫星定位网的主要技术指标**

项目	观测方法	级别				
		二等	三等	四等	一级	二级
卫星高度角(°)	静态	≥15	≥15	≥15	≥15	≥15
有效观测卫星数	静态	≥4	≥4	≥4	≥4	≥4
平均重复设站数	静态	≥2	≥2	≥1.6	≥1.6	≥1.6
时段长度(min)	静态	≥90	≥60	≥45	≥45	≥45
数据采样间隔(s)	静态	10~60	10~60	10~60	10~60	10~60
PDOP	静态	<6	<6	<6	<6	<6

各级 GPS 网相邻点间基线长度精度用式(7.2-1)表示，并按表 7.2-2 的规定执行。

$$\sigma = \sqrt{a^2 + (b \cdot d \cdot 10^{-6})^2} \tag{7.2-1}$$

式中：σ ——标准差，mm；

a ——固定误差，mm；

b ——比例误差系数；

d ——相邻点间距离，mm。

表 7.2-2 **静态卫星定位网主要技术指标**

等级	平均边长(km)	a(mm)	$b(1\times10^{-6})$	最弱边相对中误差
二等	9	≤5	≤2	≤1/120000
三等	5	≤5	≤2	≤1/80000
四等	2	≤10	≤5	≤1/45000
一级	1	≤10	≤5	≤1/20000
二级	<1	≤10	≤5	≤1/10000

注：a——固定误差；b——比例误差系数。

(12)GNSS 测量大地高差的精度，固定误差 a 和比例误差系数 b 按表 7.2-2 可放宽 1 倍执行。

(13)GNSS 点的密度标准，各种不同的任务要求和服务对象，对 GNSS 点的分布要求也不同。对于一般城市和工程测量布设点的密度主要满足测图加密和工程测量的需要，平均距离一般在几千米以内，最短距离应为平均距离的 1/2～1/3；最大距离为平均距离的 2～3 倍。特殊情况下，个别点的间距还允许超出规定。

(14)静态测量的技术要求，见表 7.2-3。

表 7.2-3　**静态测量技术要求**

等级	卫星高度角(°)	有效观测卫星数	平均重复设站数	时段长度(min)	数据采样间隔(s)	PDOP 值
二等	≥15	≥4	≥2	≥90	10～30	<6
三等	≥15	≥4	≥2	≥60	10～30	<6
四等	≥15	≥4	≥1.6	≥45	10～30	<6
一级	≥15	≥4	≥1.6	≥45	10～30	<6
二级	≥15	≥4	≥1.6	≥45	10～30	<6

静态卫星定位网宜由一个或若干个独立的闭合环构成，也可采用附合线路构成。各等级静态卫星定位网独立闭合环边数或附合线路边数应符合表 7.2-4 的规定。

表 7.2-4　**静态卫星定位网独立闭合环边数或附合线路边数规定**

等级	独立闭合环边数或附合线路边数
二等	≤6
三等	≤8
四等	≤10
一级	≤10
二级	≤10

4. 外业观测记录整理要求

(1)记录项目应包括下列内容：

①测站名、测站号；

②观测月、日/年积日、天气状况、时段号；

③观测时间应包括开始与结束记录时间；

④接收设备应包括接收机类型及号码，天线号码；

⑤近似位置应包括测站的近似纬度、近似经度与近似高度，纬度与经度应取至 1′，高

度应取至0.1m。

⑥天线高应包括测前、测后量得的高度及其平均值，均取至0.001m。

⑦观测状况应包括电池电压、接收卫星、信噪比(SNR)、故障情况等。

⑧这次GPS测量可不观测气象要素，应记录天气状况，如雨、晴、阴、云等。

(2)记录应符合下列要求：

①原始观测值和记事项目，应按规格现场记录，字迹要清楚、整齐、美观，不得涂改、转抄；

②外业观测记录各时段结束后，应及时将每天外业观测记录结果录入计算机硬盘或软盘；

③接收机内存数据文件在传到外存介质上时，不得进行任何剔除或删改，不得调用任何对数据实施重新加工组合的操作指令。

七、布网方案

1. 设备条件

采用6~8台GNSS接收机，按边连式或点边混连式布设GNSS控制网，等级为四等。GNSS测量获得的是GNSS基线方向，它属于WGS84坐标系的三维坐标差，而实际我们需要的是国家坐标系坐标。所以在GNSS网的技术设计时，必须联测一定数量的国家坐标系控制点，用以坐标转换。

2. GNSS网形设计与图上选点

GNSS网形设计之前，必须收集测区的有关资料，例如已有的小比例尺地形图(1∶10000)、城乡行政区划图、各类控制点成果。要充分了解和研究测区情况，特别是交通、通信、供电、气象及原有控制点等情况。

根据对已收集到的1∶10000地形图或1∶10000影像图的充分研究，结合实训的具体要求，并考虑为其他实训如常规方法的控制测量实训提供已知数据，而且在充分了解和研究测区情况，特别是交通、通信、供电、气象及原有控制点等情况的条件下，确定本实训控制点数目。先在图上概略选取点位，按照《全球定位系统(GPS)测量规范》的密度进行控制点的选择，组成边连式的GNSS网形。

3. 依据图上设计制订观测计划

依据布网方案、接收机数量、精度要求、星历预报、交通及通信等情况制订外业观测计划。

八、检查验收

(1)成果的检查应始终贯穿生产的全过程。作业队的自检是保证质量的重要措施，应认真做好。作业队实施自检查、互检、专职检查的三级检查一级验收的质量检查制度。

(2)成果的验收在终检的基础上进行。成果的验收由指导教师进行。

九、补测、重测

(1)无论何种原因造成一个控制点不能与两条合格独立基线相连接，则在该点上应补测或重测不得少于一条独立基线。

(2)数据检验中，当重复基线的边长较差，同步环闭合差，独立环闭合差超限的基线可以舍弃，但舍弃后的基线应保证满足独立环所含基线数不超过四等规定的闭合边数 ≤ 10 条的规定，且闭合差符合本设计的相关规定，否则应重测该基线或者有关的同步图形。舍弃和重测的基线应分析，并应记录在数据检验报告中。

(3)由于点位不符合 GPS 测量要求而造成一个测站多次重测仍不能满足各项限差的技术规定时(如测站靠近微波、高压线路等)，可要求另增选新点重测。

十、实训时间计划

本实训时间周期为 2~3 周，根据计划安排 2 周 GNSS 实习的班级可选择任务 7.2、任务 7.3、任务 7.4；教学计划为 3 周的班级可选择本实训的全部任务。参考时间分配表如表 7.2-5 所示。

表 7.2-5　**参考时间分配表**

天数	项目名称内容	地点	备　注
1	准备工作、踏勘选点、技术设计	教学楼 仪器室及机房	实习动员、实习内容讲解、领取仪器、练习传输数据，技术设计
3	GNSS 静态控制测量	沈北新区	GNSS 静态相对测量的外业数据采集
1	GNSS 静态数据处理	机房	数据传输、数据处理；基线解算及网平差
2	GNSS-RTK 控制测量	虎石台	RTK 进行图根控制测量
2	RTK 内业数据处理及绘图	机房	利用 GNSS 数据处理软件、CASS7.0 进行绘图
1	实训报告书	机房	完成综合实训报告书编写(装订成册)

十一、上交成果

本实训按要求需要上交每个任务的成果，具体包括：

(1)技术设计书；

(2)点之记手簿；

(3)GPS 外业记录手簿；

(4)北京 54 坐标系、西安 80 坐标系、国家 2000 坐标系平差成果表；

(5)测区 1∶500 数字化图；

(6)道路放样测设数据表；

(7)实训报告书。

以上成果装订成册上交并上交成果电子版。

任务 7.3　GNSS 静态控制测量与数据处理

一、任务概况

本任务主要解决虎石台及周边地区四等静态控制网的布设、观测及数据处理。具体布网方案及外业实施需要在老师的指导下，由各小组联合确定。外业观测结束后各小组要独立进行数据处理。

二、GNSS 网外业实施

1. 踏勘选点

根据图上概略设计的点位，到现场踏勘并落实点位。GNSS 测量网形结构比较灵活，选点工作也比较简单，但要注意以下几点要求：

(1)点位选在易于安置仪器和便于操作的地方，视野开阔，净空条件好。

(2)点位远离大功率无线电发射源，距离大于 200m；远离高压输电线，距离大于 50m。

(3)点位附近没有强烈干扰接收卫星信号的物体，并避免大面积水域。

(4)点位选在交通便利的地方，有利于用其他测量手段联测或扩展。

(5)地面基础稳定，便于点位保存。

(6)充分利用符合要求的旧有控制点。

点位确定后，埋设预制的混凝土桩，其上金属标志的中心为 GNSS 的测量点位，点号按设计中的点号编制，点名按村名或附近的建筑物名命名，最后按规程的要求绘制 GNSS 点之记。

表 7.3-1　　　　GNSS 点之记

<table>
<tr><td rowspan="4"></td><td rowspan="2">GNSS 点</td><td>名</td><td></td><td rowspan="2">土质</td><td rowspan="2"></td></tr>
<tr><td>号</td><td></td></tr>
<tr><td rowspan="2">相邻点(名、号、通视情况</td><td colspan="2" rowspan="2"></td><td>标石说明</td><td></td></tr>
<tr><td>旧点名</td><td></td></tr>
<tr><td colspan="2">所在地</td><td colspan="4"></td></tr>
<tr><td colspan="2">交通路线</td><td colspan="4"></td></tr>
</table>

续表

<table>
<tr><td rowspan="2">所在图幅</td><td rowspan="2"></td><td rowspan="2">概略位置</td><td>X</td><td>Y</td></tr>
<tr><td>L</td><td>B</td></tr>
<tr><td>（略图）</td><td colspan="4"></td></tr>
<tr><td>备注</td><td colspan="4"></td></tr>
</table>

2. 外业准备

1）人员的准备

对参与实训的人员进行分组，明确岗位及任务。

2）交通工具的准备

选择交通路线及交通工具。

3）通信工具的准备

每个作业组准备对讲机或手机一部，保证教师与学生的联系。

4）仪器的准备

每个小组准备 GNSS 接收机及配件一套，仪器型号为华测 X10，并对接收机进行检视，检视包括一般性检视、通电检验和实测检验。

3. 制定实测方案

外业观测计划的拟订对于顺利完成数据采集任务，保证测量精度，提高工作效率都是极为重要的。

观测计划的主要内容应包括：

（1）编制高度角大于 15°的 GNSS 卫星可见性预报图；

（2）选择卫星的几何图形强度：PDOP<6；

（3）选择最佳的观测时段：卫星≥4 颗且分布均匀，PDOP<6；

（4）编排作业调度表。

4. 外业观测作业

1）仪器的安置

仪器架设在三脚架上，高度距地面 1m 以上。进行严格的对中整平，在三个不同的方向上量取天线高，较差不超过 3mm，取三次量测的平均值。测后再量取一次天线高。

2）开机观测

满足采集条件，一般采集条件要求卫星数量>4 颗，PDOP<6，设置采集间隔、高度截止角，特别注意：同时工作的接收机高度截止角、采集间隔最好保证一致，即设置值相同。因此，实训中统一将采样间隔设为 10s，将高度截止角设置为 15°。

3）观测记录

按表 7.3-2 完成外业观测手簿。

表 7.3-2 **外业观测手簿**

观测者__________ 测站名__________ 天气状况__________	日期_____年____月____日 测站号__________ 时段数__________
测站近似坐标 经度：_____°_____′ 纬度：_____°_____′ 高程：__________m	本测站为 __________新点 __________等大地点 __________等水准点
记录时间(北京时间) 开始时间__________	结束时间__________
接收机号__________ 天线高(m)： 1. __________ 2. __________	测后校核值__________ 平均值__________

三、GNSS 网的内业数据处理

1. 数据传输

每天结束外业工作后，立即进行数据传输。所用软件为华测 GNSS 数据处理软件 CGO。

2. 准备工作

(1)新建项目，输入项目名称、施工单位负责人、坐标系统、控制网等级等。

(2)导入观测数据文件。

(3)检查文件。检查文件名、观测时间、开始与结束时间、仪器型号、天线高、天线高的量取方式等是否正确。

3. 基线解算

1)基线处理设置

(1)删除多余基线。

(2)设置高度截止角、数据采样间隔、最小历元、观测值/最佳值、自动化处理模式、星历、卫星系统。

(3)设置处理模式、观测时间、大气模型(对流层改正模型、电离层改正模型)、气象模型、质量控制、截止值、模糊度搜索等。

2)基线解算

点击屏幕左端项目栏基线处理，软件自动进行基线处理。

3)基线处理及闭合环处理

(1)查看基线处理报告。基线查看主要查看不合格基线卫星图、残差等。对于残差较大的可以从基线-残差中剔除；不合格基线经过重新设置高度截止角及历元间隔，剔除残差较大的卫星，重新解算也可以达到合格状态。

(2)基线处理完成后，进一步检查 GNSS 网中各项测量的质量或错误，基线处理完成后软件自动进行环闭合差计算，给出环闭合差是否合格。软件中对质量判定只有“合格”与“不合格”。如果某个闭合环质量不合格，要对闭合环中的基线进行重新设置高度截止角、历元间隔及卫星残差。

经处理依然不合格的基线和闭合环不参与下一步解算。

4)GNSS 网平差

在菜单选项中，GNSS 网平差步骤如下：

第一步：“平差处理”→“自动处理”，自动选择基线进行平差，剔除不参与平差的基线，在自动生成的平差报告里给出选择基线的列表和情况。

第二步：“平差处理”→“三维平差”，三维无约束平差，得到在 WGS84 坐标下所有测站的坐标，在平差报告里给出 WGS84 坐标系下的坐标值及三维自由网平差单位权中误差。

第三步：“平差处理”→“二维平差”，二维约束平差，需要至少 2 个控制点的坐标，报告中显示目前的坐标系统、椭球参数、平差后的平面坐标和精度。

第四步：“平差处理”→“高程拟合”，平差报告里给出所有点的高程和精度。

5)平差报告

输出控制网平差报告。

四、上交成果

(1)GNSS 点点之记；

(2)GNSS 外业观测手簿；

(3)GNSS 控制网平差报告。

任务 7.4　GNSS 动态控制测量

一、任务概况

卫星定位测量可采用静态测量和动态测量方法实测。本次任务是用动态测量方法加密测区控制网，为下一步测图及工程放样提供控制数据。动态测量可采用网络 RTK 测量方式或单基站 RTK 测量方式。本次任务可采用校园网络 RTK 测量方式。

加密测区范围为校园及镇公园范围。

二、技术要求

(1)动态卫星定位网的主要技术指标应符合表 7.4-1 的规定，困难地区相邻点间距可缩短至表 7.4-1 规定的 2/3，边长较差不应大于 20mm。

表 7.4-1 **动态卫星定位网的主要技术指标**

等级	相邻点间距离(m)	点位中误差(mm)	相对中误差	方法	起算点等级	流动站到基准站距离(km)	测回数
一级	≥500	≤50	≤1/20000	网络 RTK	—	—	≥4
二级	≥300	≤50	≤10000	网络 RTK	—	—	≥3
				单基站 RTK	四等及以上	≤6	
三级	≥200	≤50	≤1/6000	网络 RTK	—	—	≥3
				单基站 RTK	四等及以上	≤6	
					二级及以上	≤3	

(2)动态卫星定位接收机的选用应符合表 7.4-2 的规定。

表 7.4-2 **动态卫星定位接收机的选用**

等级	接收机类型	标称精度
一级	双频	$\leqslant 10\text{mm}+2\times10^{-6}d$
二级	双频	$\leqslant 10\text{mm}+2\times10^{-6}d$
三级	双频	$\leqslant 10\text{mm}+2\times10^{-6}d$

注：d——基线长度，单位 km。

(3)动态卫星定位网布设时，控制点总数不应少于 3 个，控制点中应保证 3 个以上或 2 对以上相互通视的点位。

(4)动态测量准备工作、坐标系统转换工作应符合现行行业标准《卫星定位城市测量技术标准》(CJJ/T 73—2019)的规定。

(5)单基站基准站的设置应符合现行行业标准《卫星定位城市测量技术标准》(CJJ/T 73—2019)的规定。

(6)动态测量作业时应符合下列规定：

①观测前，手簿设置的平面收敛阈值不应超过 20mm，垂直收敛阈值不应超过 30mm。

②观测时，卫星高度角在 15°以上的卫星颗数不少于 5 颗，PDOP 值应小于 6。

③天线应采用三脚支架架设，仪器的圆气泡要稳定居中。

④观测值应记录稳定的固定解。经纬度应记录到 0.00001″，平面坐标及高程应记录到 0.001m。

⑤基准站架设完成之后，应至少采用一个不低于二级的已知控制点进行校核，平面位置较差不大于 50mm。

⑥一测回自动观测值个数不少于 10 个，定位取其平均值。

⑦测回间隔不低于 60s，下一测回开始前要重新初始化。

⑧测回间平面坐标分量较差应不小于 20mm 或经纬度分量小于 0.0007″，垂直坐标分量较差小于 30mm。最终观测结果应取各测回结果的平均值。

⑨初始化时间超过 5min 仍然不能获得固定解，应断开链路，重新开机，重新初始化。重启 3 次仍然不能获得固定解，需要更改位置。

(7)卫星定位网点应进行角度、边长或导线联测检核。技术指标应符合表 7.4-3 规定。

表 7.4-3　**卫星定位网点校核技术指标**

等级	边长检核		角度检核		导线联测检核	
	测距中误差(mm)	边长较差的相对中误差	测角中误差(″)	角度较差限差(″)	角度闭合差(″)	边长相对闭合差
一级	≤15	≤1/14000	≤5	14	$\pm16\sqrt{n}$	≤1/10000
二级	≤15	≤1/7000	≤8	20	$\pm24\sqrt{n}$	≤1/6000
三级	≤15	≤1/4000	≤12	30	$\pm40\sqrt{n}$	≤1/4000

注：n——测站数。

三、任务实施

1. 执行标准

本次任务执行卫星定位网三级标准。

2. 设备准备

准备华测 X10 GNSS 接收机 1 台、三脚架 1 副，对中器 1 个，2m 钢卷尺 1 个，记录笔纸若干，锤子 1 把，油漆、钢钉若干。

3. 选点、埋点

根据实际情况，各组在指导老师的指导下由组长负责单独选定点，点的标志为钢钉，地面用油漆标记点名。

4. 观测记录

观测记录要执行本任务技术要求并填好点之记及外业观测手簿表。

5. 成果整理

观测成果要以纸质及电子表格形式。见 GNSS 加密点成果表 7.4-4。

表 7.4-4　**GNSS 加密点成果表**

点号	纵坐标 X(m)	横坐标 Y(m)	高程 h(m)	84 坐标 L(° ′ ″)	84 坐标 B(° ′ ″)	大地高 H(m)

续表

点号	纵坐标 X(m)	横坐标 Y(m)	高程 h(m)	84坐标 L(° ′ ″)	84坐标 B(° ′ ″)	大地高 H(m)

四、上交成果

(1)加密控制点点之记;
(2)加密控制点成果表。

任务7.5 GNSS-RTK数字测图

一、任务概况

(1)完成图根控制点的布设与测量。
(2)完成虎石台公园指定区域及校园操场1∶500地形图测量。

二、技术要求

(1)图根控制测量根据实际情况可采用首级GNSS控制网成果及七参数进行布设，局部困难区域也可采用在高一级控制点上直接利用全站仪测出图根点坐标的方法进行图根控制测量(必须有校核条件)。

(2)图根导线布设基本要求。

GNSS-RTK平面测量按《卫星定位城市测量技术规范》第6.3.2条至第6.3.11条执行，同时应符合表7.5-1的规定。

表7.5-1 **GNSS-RTK测量的技术要求**

等 级	相邻点间平均边长(m)	点位中误差(cm)	最弱边长相对中误差	观测次数
一级图根	200	≤±5	1/6000	3
二级图根	100	≤±5	1/4000	2

(3)GNSS 高程测量按精度等级划分为四等、图根和碎部。四等 GNSS 高程测量最弱点的高程中误差(相对于起算点)不得大于±2cm。技术要求应符合表 7.5-2 的规定。

表 7.5-2　**GNSS 高程测量主要技术要求(单位：cm)**

等级＼地形	平原			山区		
	高程异常模型内符合中误差	高程测量中误差	限差	高程异常模型内符合中误差	高程测量中误差	限差
四等	≤±1.0	≤±2.0	≤±4.0	≤±1.5	≤±3.0	≤±6.0
图根	≤±3.0	≤±5.0	≤±10.0	≤±4.5	≤±7.5	≤±15.0
碎部	≤±5.0	≤±7.5	≤±15.0	≤±7.5	≤±11.5	≤±23.0

三、GNSS 测图

(1)GNSS 测图的主要技术指标见表 7.5-3。

表 7.5-3　**GNSS-RTK 平面测量技术要求**

等级	相邻点间距离(m)	点位中误差(cm)	相对中误差	起算点等级	流动站到单基准站间距离(km)	测回数
二级	≥300	≤±5	≤1/10000	四等及以上	≤6	≥3
三级	≥200	≤±5	≤1/6000	四等及以上	≤6	≥3
				二级及以上	≤3	
图根	≥100	≤±5	≤1/4000	四等及以上	≤6	≥2
				三级及以上	≤3	
碎部	—	图上 0.3mm	—	四等及以上	≤15	≥1
				三级及以上	≤10	

(2)网络 RTK 测量可不受起算点等级、流动站到单基准站间距离的限制。

四、内业成图

(1)内业成图主要利用南方 CASS9.2 地形地籍成图软件。按照指导教师要求完成指定区域 1∶500 地形图绘制。

(2)内业成图实训地点：测绘专业机房。

五、上交资料

(1)外业观测数据；
(2)1∶500测区数字化图。

任务7.6 GNSS-RTK道路测设

一、任务概况

本次任务在老师指导下，由小组独立完成二级以下道路的测设工作，主要任务包括：
(1)完成道路选线、定线工作(图上或实地)。
(2)完成道路中桩测设工作。
(3)完成道路纵横断面测量工作。
要求：道路选线长度约2km。

二、技术要求

二级以下公路平面控制技术规定：

(1)平面控制测量可采用导线测量方法。导线的起点、终点及每间隔不大于30km的点上，应与高等级控制点联测；当联测有困难时，可分段增设GPS控制点。

(2)导线测量的主要技术要求，应符合表7.6-1的规定。

表7.6-1 二级以下公路导线测量的主要技术要求

<table>
<tr><th rowspan="2">导线长度(km)</th><th rowspan="2">边长(m)</th><th rowspan="2">仪器精度等级</th><th rowspan="2">测角中误差(″)</th><th rowspan="2">测距相对中误差</th><th colspan="2">联测检核</th></tr>
<tr><th>方位闭合差(″)</th><th>相对闭合差</th></tr>
<tr><td rowspan="2">≤30</td><td rowspan="2">400~600</td><td>2″级仪器</td><td>12</td><td rowspan="2">≤1/2000</td><td>$24\sqrt{n}$</td><td rowspan="2">≤1/2000</td></tr>
<tr><td>6″级仪器</td><td>20</td><td>$40\sqrt{n}$</td></tr>
</table>

注：表中n为测站数。

(3)分段增设GPS控制点时，其测量的主要技术要求见表7.6-2及表7.6-3。

表 7.6-2 **卫星定位测量控制网的主要技术要求**

等级	平均边长(km)	固定误差 *A*(mm)	比例误差系数 *B*(mm/km)	约束点间的边长相对中误差	约束平差后最弱边相对中误差
二等	9	≤10	≤2	≤1/250000	≤1/120000
三等	4.5	≤10	≤5	≤1/150000	≤1/70000
四等	2	≤10	≤10	≤1/100000	≤1/40000
一级	1	≤10	≤20	≤1/40000	≤1/20000
二级	0.5	≤10	≤40	≤1/20000	≤1/10000

表 7.6-3 **GPS 控制测量作业的基本技术要求**

等级		二等	三等	四等	一级	二级
接收机类型		双频或单频	双频或单频	双频或单频	双频或单频	双频或单频
仪器标称精度		10mm+2ppm	10mm+5ppm	10mm+5ppm	10mm+5ppm	10mm+5ppm
观测量		载波相位	载波相位	载波相位	载波相位	载波相位
卫星高度角(°)	静态	≥15	≥15	≥15	≥15	≥15
	快速静态	—	—	—	≥15	≥15
有效观测卫星数	静态	≥5	≥5	≥4	≥4	≥4
	快速静态	—	—	—	≥5	≥5
观测时段长度(min)	静态	≥90	≥60	≥45	≥30	≥30
	快速静态	—	—	—	≥15	≥15
数据采样间隔(s)	静态	10~30	10~30	10~30	10~30	10~30
	快速静态	—	—	—	5~15	5~15
点位几何图形强度因子(PDOP)	≤6	≤6	≤6	≤8	≤8	

注：当采用双频接收机进行快速静态测量时，观测时段长度可缩短为 10 min。

三、道路定测

1. 道路定测步骤

(1)选线、定线：实训时要在交点、线路起终点上打桩。

(2)转点测设：利用 RTK 测量各交点及转交点坐标及高程。

(3)各小组独立完成平曲线要素设计，确定起终点、直缓点、缓圆点、曲中点、圆缓点、缓直点、交点及各中桩等的坐标及高程。

2. 定测中线桩位测量，应符合下列规定

(1)线路中线上，应设立线路起终点桩、千米桩、百米桩、平曲线控制桩、桥梁或隧道轴线控制桩、转点桩和断链桩，并应根据竖曲线的变化适当加桩。

(2)线路中线桩的间距，直线部分不应大于50m，平曲线部分宜为20m。当铁路曲线半径大于800m，且地势平坦时，其中线桩间距可为40m。当公路曲线半径为30~60m，缓和曲线长度为30~50m时，其中线桩间距不应大于10m；曲线半径和缓和曲线长度小于30m的或在回头曲线段，中线桩间距不应大于5m。

(3)中线桩位测量误差，直线段不应超过表7.6-4的规定；曲线段不应超过表7.6-5的规定。

表7.6-4 **中线桩位测量的限差要求**

线路名称	纵向误差(m)	横向误差(cm)
铁路、一级及以上公路	$\frac{S}{2000}+0.1$	10
二级及以下公路	$\frac{S}{1000}+0.1$	10

注：S为转点桩至中线桩的距离(m)。

表7.6-5 **曲线段中线桩位测量闭合差限差**

线路名称	纵向相对闭合差(m)		横向闭合差(cm)	
	平地	山地	平地	山地
铁路、一级及以上公路	1/2000	1/1000	10	10
二级及以下公路	1/1000	1/500	10	15

(4)断链桩应设立在线路的直线段，不得在桥梁、隧道、平曲线、公路立交或铁路车站范围内设立。

(5)中线桩的高程测量，应布设成附合路线，其闭合差不应超过$50\sqrt{L}$ mm(L为附合路线长度，单位为km)。

四、道路放样

道路放样的基本步骤：

(1)安置基准站、移动站并利用测区七参数校正仪器。

(2)利用交点法或元素法放样中桩，要求中线桩桩距为10m或20m，放样时要求打桩并标记中桩里程。

五、纵横断面测量与绘制

(1)横断面测量的误差，不应超过表 7.6-6 的规定。

表 7.6-6　　横断面测量的限差

线路名称	距离(m)	高程(m)
铁路、一级及以上公路	$\frac{l}{100}+0.1$	$\frac{h}{100}+\frac{l}{200}+0.1$
二级及以下公路	$\frac{l}{50}+0.1$	$\frac{h}{50}+\frac{l}{100}+0.1$

注：① l 为测点至线路中线桩的水平距离(m)；

② h 为测点至线路中线桩的高差(m)。

(2)纵横断面测量方法：利用 GNSS 华测 X10 中道路放样功能。实训时中桩测设及纵横断面测量可以同时进行。

(3)断面图绘制：

①断面制作软件：南方 CASS9.2 地形地籍成图软件。

②要求：纵段纵向比例尺为 1∶100，横向比例尺为 1∶1000；横断面纵横向比例尺皆为 1∶100；横断面宽度为中线左右各 10m。

六、上交成果

(1)道路选线定线成果表(转交点及直线控制桩)。

(2)道路中线放样数据及测设数据对照表。

(3)道路纵横断面图。

任务 7.7　编制实训报告书

一、任务概述

通过编写报告书使每位学生深刻了解本次实训的深刻含义，充分了解和掌握生产流程，提高分析问题和解决问题的能力，为步入社会打下良好的工作基础。

本实训周数为 2~3 周，学生在实训过程中应注意各个环节的衔接，按时完成每项任务，为报告书的编写提供充分、翔实、准确的一手材料。

本实训报告书要求每人编写一份(电子版及纸质版)。

二、实训报告书格式

实训报告书主要由封面、目录、前言、正文组成。

(1)封面：实训名称、班级、姓名、学号、指导教师。实训名称：GNSS综合实训报告书；封面字体为居中标宋加粗二号字体；班级、姓名、学号、指导教师等字体为宋体三号加粗。

(2)目录：写清楚本实训报告的主要内容及对应页码。

(3)前言：实训的目的、任务、要求及实训的基本情况。

(4)正文：包括实训全部内容：控制测量技术设计书、报告书；校园及周边RTK数字测图技术报告(可选)；RTK道路中线测设技术报告；实训心得体会等。正文字体：一级标题为三号宋体加粗居中，二级标题为小三号宋体加粗，三级标题为四号宋体，四级标题为小四号楷体，正文为五号宋体。

三、实操内容

(1)GNSS控制测量技术报告；

(2)GNSS-RTK校园及周边1∶500数字化图测量技术报告(自选)；

(3)GNSS-RTK道路中线测设技术报告(自选)；

(4)实训心得体会(要求2000字以上)。

四、实训报告书打印装订

实训报告书要求装订纸质版，不要求精装，简装即可。

附录一　某省 C 级网技术设计书

一、概述

××××于 2012 年布设了覆盖全省的 B、C 级 GPS 控制网，并建立了覆盖全省的卫星连续运行参考站系统(LNCORS)，现已运行，为测绘行业提供了实时定位服务。

为了实现××国土 CORS 系统与省网的无缝对接，满足××市地籍管理、土地信息数据采集、土地测绘及矿产管理等国土资源管理工作的需要，实现土地资源信息的社会化服务，现需要对××国土 C 级 GPS 网与省 B 级网进行联测，为××国土卫星连续运行参考站系统(FXCORS)升级改造提供基础数据。

为使该项工程能顺利完成，组织实施××国土系统 C 级 GPS 平面控制测量的联测工作。在工作中，××市国土资源规划调查处负责项目的总体策划及协调，负责项目的具体施测工作。

二、作业区自然地理概况与已有资料情况

(一)作业区自然地理概况

××市位于某省西部，东经 121°1′~122°56′，北纬 41°41′~42°56′。

(二)已有资料情况

1. 控制资料

通过多方调研、了解，在测区及周边地区搜集到××14、××16、××22、××38、××40、××52、××53 共 7 个 B 级 GPS 控制点，其点位均匀分布在测区的周围，便于联测，如表 1-1 所示。

表 1-1　　**联测的已知点情况统计表**

序号	点名	等级	坐标系统			高程系统	
			54 北京	80 西安	2000 国家	1985 国家高程基准	1956 黄海高程系
1	××14	B	✓	✓	✓	✓	
2	××16	B	✓	✓	✓	✓	

续表

序号	点名	等级	坐标系统			高程系统	
			54北京	80西安	2000国家	1985国家高程基准	1956黄海高程系
3	××22	B	√	√	√	√	
4	××38	B	√	√	√	√	
5	××40	B	√	√	√	√	
6	××52	B	√	√	√	√	
7	××53	B	√	√	√	√	

2. 地形图资料

收集到××地区及周边区域的1∶5万地形图及××市1∶20万地图。结合2008年××市国土资源局编制的1∶5万土地利用现状图作为测量设计、规划和生产指挥用图。

三、引用文件

(1)《全球定位系统(GPS)测量规范》(GB/T 18314—2009)。
(2)《全球导航卫星系统连续运行参考站网建设规范》(CH/T 2008—2005)。
(3)《城市测量规范》(CJJ/T 8—2011)。
(4)《卫星定位城市测量技术规范》(CJJ/T 73—2010)。
(5)本技术设计书。

四、主要技术指标

(一)坐标系及高程系

该项目主要是为××国土连续运行参考站(CORS)系统的建立而实施，因此坐标系及高程系的选择除了满足××市国土资源管理、土地测绘及矿产管理等工作的需要外，还必须同时满足××国土CORS系统控制网建立的要求。因此，本项目平面坐标系统的选择是以123°为中央子午线，采用高斯正形投影的国家统一3°、6°带的平面直角坐标系统，要求其边长投影变形值不大于2.5cm/km（1∶4万)为原则。坐标系为1980西安坐标系、1954北京坐标系及2000国家坐标系三套成果；高程系统为1985国家高程基准。

(二)GPS控制网的精度要求及主要技术指标

1. GPS控制网的精度要求

本项目利用全球定位系统(GPS)技术，依据静态相对定位原理，按照GPS相关技术规范规定的布网原则、精度要求和作业方法，建立满足国土资源管理需要的、高精度的××国土C级GPS平面控制网，以满足××市国土资源管理和其他测绘单位各种精密测绘工程以及相应精度的GIS数据采集等空间定位的需要。

2. GPS控制网主要技术指标

(1)本次控制网的布设，网形按《全球定位系统(GPS)测量规范》关于C级GPS控制网布设的有关要求，以及《卫星定位城市测量技术规范》中II级网的相关技术参数指标要求进行布设。具体要求见表1-2。

表1-2

级别	相邻点基线分量中误差		相邻点间平均距离(km)	a(mm)	b(ppm)	最弱边相对中误差
	水平分量(mm)	垂直分量(mm)				
C	10	20	20	≤5	≤2	1/120000

(2)在设计中，GPS网最简单异步观测环的边数应不大于表1-3的规定：

表1-3

级　别	C
闭合环或符合线路的边数	6

(3)GPS网相邻点间基线长度精度按下式计算：

$$\sigma^2 = a^2 + (bD)^2$$

其中，a：固定误差(mm)；b：比例误差系数(mm/km)；D：相邻点间距离(km)。

(4)相邻最弱点点位中误差≤±5cm。

(5)最弱边相对中误差≥1/12万。

五、设计方案

根据测区控制要求，××国土C级GPS网联测设计时，共布设了2个联测环，其中，环1由××14、××16、××40、西家哈气、歪脖山、孙家、务欢池共7个点组成，环2由××22、××38、××52、××53、平顶山、南大山、××11、务欢池共8个点组成。与原69个GPS基础框架网点组成的GPS网进行并网解算。

(一)GPS平面控制测量

1. 仪器的选用

为了确保设计的精度标准，本测区使用9台双频GPS接收机进行施测，采用静态相对定位测量模式进行外业观测。其中：中海达GPS接收机6台、拓普康双频GPS接收机3台(CORS站)，接收机标称精度均满足《全球定位系统(GPS)测量型接收机检定规程》规定≤5mm+2ppm的要求。

2. GPS 点的观测要求

1) GPS 点观测采用静态相对定位方法，采用多台接收机(大于 3 台)保持同步观测，连续跟踪卫星同一观测单元。观测时，应根据卫星可见性预报表，选择有利观测时间，编制观测调度计划。在作业中可根据实际情况及进度调整调度计划。

2) GPS 测量作业的基本技术要求见表 1-4：

表 1-4

等级	卫星截止高度角(°)	同时观测有效卫星数	有效观测卫星总数	观测时段	时段长	采样间隔(s)	PDOP 值
C	≥15	≥4	≥6	≥2	≥4h	10~30	<6

3) 观测作业要求。

(1) 观测组应严格按规定的时间进行作业。经检查接收机电源电缆和天线等各项连接无误，接收机预置状态应正确，方可开机进行观测。

(2) 每时段开机前，作业员应量取天线高，并及时输入测站名、年月日、时段号、天线高等信息。关机后再量取一次天线高作校核，两次量天线互差不得大于 3mm，取平均值作为最后结果，记录在手簿中。若互差超限，应查明原因，提出处理意见记入测量手簿备注栏中。天线高量取的部位应在观测手簿上绘制略图。

(3) 接收机开始记录数据后，作业员可使用专用功能键选择菜单，查看测站信息、接收卫星数、卫星号、各通道信噪比、实时定位结果及存储介质记录情况等。

(4) 仪器工作正常后，作业员应及时逐项填写测量手簿中的各项内容。当时段观测时间超过 60min 以上时，应每隔 30min 记录一次。

(5) 一个时段观测过程中不得进行以下操作：接收机重新启动；进行自测试(发现故障除外)；改变卫星高度角；改变数据采样间隔；改变天线位置；按动关闭文件和删除文件等功能键。

(6) 观测员要细心操作，在作业期间不得擅自离开测站，观测期间防止接收设备震动，更不得移动，要防止人员和其他物体碰动天线或阻挡信号。避免牲畜、风吹动及其他不相关的人员等的侵害。

(7) 观测期间，不应在天线附近 50m 以内使用电台、10m 以内使用对讲机。雷雨过境时应关机停测，并卸下天线以防雷击。

(8) 观测中应保证接收机工作正常，数据记录正确，每日观测结束后，应及时将数据转存至计算机硬、软盘上，确保观测数据不丢失。

(9) 观测组应严格按照调度表的设站时间进行作业，保证同步观测同一组卫星群。

(10) 当 GPS 点(旧点)上有寻常标时，可根据其横梁和斜柱的位置适当降低或提高天线的高度，并适当延长观测时间。当点上有复合标，需在基板上安置天线时，应先卸去觇标的顶部，将标志中心投影至基板上，然后依投影点安置天线。投影点示误三角形最长边或示误四边形的长对角线不得大于 5mm。并延长观测时间。

(11) 外业观测记录。

a. 记录项目应包括下列内容：

①测站名、测站号。

②观测月、日/年积日、天气状况、时段号。

③观测时间应包括开始与结束记录时间。

④接收设备应包括接收机类型及号码、天线号码。

⑤近似位置应包括测站的近似纬度、近似经度与近似高度，纬度与经度应取至1′，高程应取至0.1m。

⑥天线高应包括测前、测后量得的高度及其平均值，均取至0.001m。

⑦观测状况应包括电池电压、接收卫星、信噪比(SNR)、故障情况等。

⑧这次GPS测量可不观测气象要素，应记录天气状况，如雨、晴、阴、云等。

b. 记录应符合下列要求：

①原始观测值和记事项目应按规格现场记录，字迹要清楚、整齐、美观，不得涂改、转抄。

②外业观测记录各时段结束后，应及时将每天的外业观测记录结果录入计算机硬盘或软盘。

③接收机内存数据文件在卸到外存介质上时，不得进行任何剔除或删改，不得调用任何对数据实施重新加工组合的操作指令。

3. GPS数据处理

1)基线解算

××国土C级GPS控制网的基线向量采用南方公司随机GPS数据处理软件(或同类软件)解算，采用精密星历或广播星历。为保证基线解算质量，基线解算时做如下规定：

(1)基线解算，按同步观测时段为单位进行。按多基线解时，每个时段须提供一组独立基线向量及其完全的方差-协方差阵；按单基线解时，须提供每条基线分量及其方差-协方差阵，进行同步环的检验工作，以检验外业数据的正确性和可靠性；进行不同时段间基线的比较，包括异步环检验和复测基线的比较，以检验不同时段外业数据的一致性，以便检验出基线观测数据中是否存在粗差。

(2)C级GPS网，基线解算可采用双差解、单差解。长度小于15km的基线，应采用双差固定解，长度大于15km的基线可在双差固定解和双差浮点解中选择最优结果作为基线解算的最终结果。

(3)同一时段观测值基线处理中，平差采用的实际合格的观测量与进入平差的总观测量之比，不宜低于80%。

(4)C级GPS网基线处理，复测基线的长度较差，应满足下式规定：

$$ds \leqslant 2\sqrt{2}\sigma$$

式中：σ为基线测量中误差，单位为mm。

(5)采用同一数学模型解算的基线，网中任何一个三边构成的同步环坐标分量闭合差及环闭合差应满足下列公式的要求：

$$W_X = W_Y = W_Z \leqslant \frac{\sqrt{3}}{5}\sigma$$

$$W_s=\sqrt{W_X^2+W_Y^2+W_Z^2}\leqslant\frac{3}{5}\sigma$$

式中：σ 为GPS网相应级别规定的基线测量中误差，计算时，边长按实际平均边长计算。

(6)在四边形同步环中，其同步时段中任一三边同步环的坐标分量闭合差和全长相对闭合差按独立环闭合差要求检核。同步时段中的四边形同步环，可不重复检验。

(7)由独立基线构成的独立环(异步环)的坐标分量闭合差和全长闭合差应符合下式的规定：

$$W_X=W_Y=W_Z\leqslant 3\sqrt{n}\sigma,$$
$$W_s=\sqrt{W_X^2+W_Y^2+W_Z^2}\leqslant 3\sqrt{3n}\sigma$$

式中：n 为独立环中边数，σ 为基线测量中误差。

2)补测与重测

(1)无论何种原因造成一个控制点不能与两条合格独立基线相连接，则在该点上应补测或重测不得少于一条独立基线。

(2)数据检验中，当重复基线的边长较差，同步环闭合差、独立环闭合差超限的基线可以舍弃，但舍弃后的基线应保证在独立环所含基线数不超过II等(C级)规定的闭合边数 ≤6 条的规定，且闭合差符合本设计的相关规定，否则应重测该基线或者有关的同步图形。舍弃和重测的基线应分析，并应记录在数据检验报告中。

(3)由于点位不符合GPS测量要求而造成一个测站多次重测仍不能满足各项限差的技术规定时(如测站靠近微波、高压线路等)，可要求另增选新点重测。

3)GPS网的平差处理

(1)首先根据控制网的地理位置，选择WGS84坐标系下具有较精确的地心坐标的国土局楼顶的CORS站点作为本网的起算点。

(2)GPS网的无约束平差：当基线各项质量检查符合要求后，为全面考察GPS网的内部符合精度，首先进行无约束平差，以符合各项质量检验要求的独立基线组成的闭合图形和三维基线向量及其相应的方差协方差阵作为观测信息，进行GPS网的无约束平差。无约束平差的软件，要求应有自动剔除粗差基线的能力，以考察GPS网中有无残余的粗差基线向量和其内部符合精度。基线分量的改正数绝对值应满足以下公式要求：

$$V\Delta x\leqslant 3\sigma,\quad V\Delta y\leqslant 3\sigma,\quad V\Delta z\leqslant 3\sigma$$

式中：σ 为基线测量中误差，单位为mm，其计算方法同上。

如超限时，可认为该基线或其附近存在粗差基线，应采用软件提供的方法或人工方法剔除粗差基线，以符合上式要求。

无约束平差结果应提供如下内容：

①GPS网中各控制点在WGS84坐标系下的空间三维坐标。

②各基线向量三个坐标差观测值的总改正数。

③各基线边长值和方位值。

④点位和边长的精度信息。检查网中是否含有明显的粗差(弦长的相对精度、点位中误差、最弱边相对中误差)。

⑤大地高转换到海拔高程(正常高)所需的数据文件。

(3)二维约束平差：利用无约束平差后的可靠观测量，选择在西安80坐标系、北京54坐标系及国家2000坐标系下进行三维约束平差或二维约束平差。平差中对选用的已知点的已知坐标、已知距离和已知方位，可以强制约束，也可加权约束。平差计算采用GPS随机软件进行。已知点的数量可根据需要或根据试算后，选定既满足数量要求，又互相兼容的国家控制点进行最后的约束平差。

约束平差中，基线分量的改正数与剔除粗差后的无约束平差结果的同一基线相应的改正数较差的绝对值应满足以下公式要求：

$$dV\Delta x \leqslant 2\sigma,\quad dV\Delta y \leqslant 2\sigma,\quad dV\Delta z \leqslant 2\sigma$$

式中：σ 为基线测量中误差，单位为mm，其计算方法同上。

如超限时，可认为作为约束的已知坐标，距离已知方位与GPS网不兼容，应采用软件提供的或人为的方法剔除某些误差较大的约束值，直至符合上式要求。

最后平差结果应输出如下信息：

①在国家北京54坐标系、西安80坐标系和国家2000坐标系中的三维信息。

②基线边长、方位、基线向量改正数。

③点位坐标、基线边长、方位的精度信息。

④转换参数及其精度信息。

六、成果的检查与验收

(1)成果的检查应始终贯彻生产的全过程。作业队的自检是保证质量的重要措施，应认真做好。作业队实施自检查、互检、专职检查的三级检查一级验收的质量检查制度。

(2)成果的验收在终检的基础上进行。成果的验收由××市国土资源局组织进行。

七、成果的整理与上交

××国土C级GPS坐标成果应打印成果表形式，进行统一的整理和装订，做到资料齐全、字迹清晰、美观。装订时，应用丝线或蜡线，切忌用订书机装订。

附录二　某村1：1000数字化地形图测绘技术总结

为满足沈阳市新农村规划建设的需要，我院受沈阳市建委村镇建设办公室的委托，承担了×××镇古城子村1：1000数字化成图的测绘任务。成图区测图面积3km²。测量工作从2011年8月20日开始至2011年8月31日底全部结束。在对已完成的控制测量和地形图测绘工作的基础上，编写技术总结报告书。

一、测区基本情况

(1)测区范围及已完成的测绘工作：×××镇古城子村的测绘范围是以本村的居民住宅为主，东至大坝、南至鱼塘、西至敬老院、北至村屯头，测图面积3km²，折合标准图幅为10.6幅，完成GPS-E级控制点2个。

(2)测区的平均困难类别：此次测绘内容以村屯居民地为主，房屋较密集，故地形图的平均困难类别定为3.5类。

(3)旧有测绘资料的利用：利用×××城控制网点作起算点，用静态GPS在测区做了两个埋石控制点，其高程采用拟合的方式取得。

二、作业技术依据

(1)《城市测量规范》(以下简称《规范》)(CJJ 8—99)；

(2)《全球定位系统(GPS)测量规范》(GB/T 18314—2009)；

(3)《全球定位系统实时动态测量(RTK)技术规范》(CH/T 2009—2010)；

(4)《数字测绘成果质量检查和验收》(GB/T 18316—2008)；

(5)《国家基本比例尺地图图式 第1部分：1：500 1：1000 1：2000地形图图式》(GB/T 20257.1—2007)；

(6)《×××古城子村1：1000地形图技术设计书》。

三、成图的基本规定

(1)平面系统：2000国家大地坐标系；

(2)高程系统：1985国家高程基准；

(3)中央子午线：123°；

(4)本测区地形图的基本等高距为1.0m。

四、测量设备及软件配置

(1)GPS 静态机 4 台套、随机配套的平差软件；
(2)全站仪 2 台套、南方 6.1 绘图软件；
(3)RTK 动态机 4 台套、随机配套下载的软件；
(4)参加本次项目的工程技术人员计 6 人；
(5)配备对讲机 4 台；
(6)配备面包车 1 台。

五、控制测量的完成情况

1. 平面和高程控制测量

为满足古城子村的规划建设及施工放线的需要，根据本村的建设规模，本村布设两个 E 级 GPS 控制网点。首级 GPS 控制网的点位选择及观测按《全球定位系统(GPS)测量规范》(GB/T 18314—2009)中的有关规定执行，且保证两个 GPS 点通视。首级 GPS 控制网平面按 E 级网要求施测，其相对于起算点的点位中误差均不超过±5cm。首级 GPS 点的高程用曲面拟合的方法求得。

首级 GPS 点编号为 GPS 加流水号编号，前面冠以村名的第一个、第二个汉语拼音。如：G+C+01，编号不重复。

2. 控制测量

本测区利用各×××GPS 控制网点作为起算数据，首级控制采用全球卫星定位(GPS)的方法测量。本工程使用美国阿斯太克公司生产的 4 台 GPS 接收机对所布设的控制点采用快速静态相对定位模式。数据采样间隔为 10 秒，即每分钟为 6 个历元。同步观测时间视被观测对象的不同大于 30~60 分钟，有效观测卫星数≥4 个，天线高量至毫米。观测的基线置信度为 95%~100%，内业平差软件为美国阿斯太克公司随机配置的 selos 软件。所有参与平差的基线均为合格基线。经平差计算其相对于起算点的点位中误差均不超过规范中规定的 5cm。

六、外业数据采集、编辑

本次测绘工程是以 GPS-RTK 和全站仪为数据采集手段。数据采集中对地物的取舍、地貌的表示完全按照设计书中的要求进行。白纸图调绘中逐一核对和确定图上应表示的要素有无错误或遗漏，错误的已改正，遗漏的已补调于图上。

编辑工作完全依据设计要求执行，图中的各种要素表示准确，编码、符号运用合理，图面整饰得体、美观、规范。

七、附表、附图

(1)古城子村 GPS 控制点成果表。

(2)古城子村 GPS 控制点点之记。

(3)古城子村 1：1000 数字化地形图。

参考文献

[1] 国家测绘局. CH/T 2008—2005 全球卫星系统连续运行参考站网建设规范[S]. 北京：测绘出版社，2005.

[2] 国家测绘局. CH/T 2009—2010 全球定位系统实时动态测量(RTK)技术规范[S]. 北京：测绘出版社，2010.

[3] 国家测绘局. CH/T 1001—2005 测绘技术总结编写规定[S]. 北京：测绘出版社，2006.

[4] 国家质量监督检验检疫总局. JJF 1118—2004 全球定位系统(GPS)接收机(测地型和导航型)校准规范[S]. 北京：中国标准出版社，2004.

[5] 黄劲松. GPS 测量与实训教程[M]. 武汉：武汉大学出版社，2010.

[6] 中华人民共和国国家质量监督检验检疫总局，中国国家标准化管理委员会. GB/T 18314—2009 全球定位系统(GPS)测量规范[S]. 北京：中国标准出版社，2009.

[7] 中华人民共和国住房和城乡建设部. CJJ/T 73—2010 卫星定位城市测量技术规范[S]. 北京：中国建筑工业出版社，2010.

[8] 周建郑. GPS 测量定位原理与技术[M]. 郑州：黄河水利出版社，2005.

[9] 潘松庆. 现代测量技术[M]. 郑州：黄河水利出版社，2008.

[10] 李征航，黄劲松. GPS 测量与数据处理[M]. 武汉：武汉大学出版社，2005.

[11] 中华人民共和国住房和城乡建设部. CJJ/T 8—2011 城市测量规范[S]. 北京：中国建筑工业出版社，2011.

[12] 中华人民共和国建设部. GB 50026—2007 工程测量规范[S]. 北京：测绘出版社，2007.

参考文献